津波に負けない住まいとまちをつくろう！

和田　章・河田惠昭・田中礼治 監修
東日本大震災の教訓を後世に残すことを考える勉強会 編

技報堂出版

書籍のコピー,スキャン,デジタル化等による複製は,
著作権法上での例外を除き禁じられています.

目　次

第1章　はじめに ……………………………………………… 1

第2章　津波を知る …………………………………………… 5
　2.1　災害列島日本を知る ………………………………… 5
　2.2　東日本大震災の津波を知る ………………………… 11
　2.3　南海トラフ巨大地震の津波を知る ………………… 13
　2.4　津波の歴史とその教訓 ……………………………… 16
　2.5　近年の津波の歴史を振り返る ……………………… 24
　2.6　世界の津波減災を考える …………………………… 34
　2.7　津波を誤解しないように …………………………… 37
　2.8　津波のメカニズム …………………………………… 51

第3章　津波減災対策が大切
　　　　― 命を守ることと暮らしを守ること ………… 61
　3.1　民間の建物や各種の道も
　　　　複合的な津波減災に加わる ……………………… 61
　3.2　1 000年に1度のような自然の猛威に対して，
　　　　大きな災害を起こさないための4原則 ………… 70

第4章　津波に負けない住まいづくり …………………… 81
　4.1　津波に負けない現代建築 …………………………… 81
　4.2　東日本大震災で実証されている …………………… 85
　4.3　誤解してはいけない建物と命の関係 ……………… 87
　4.4　建築は津波減災対策に使える ……………………… 88

目次

  4.5 古い津波被害と東日本大震災の津波被害の比較 … 102
  4.6 日本の建築技術の進歩と津波減災対策 ……………… 104
  4.7 ピロティ効果という東日本大震災での発見 ………… 108
  4.8 建物に助けられた喜びの事例 ………………………… 114

第5章 津波に負けないまちづくり …………………… 121
  5.1 津波に負けないまちづくりの必要性 ………………… 121
  5.2 津波に負けないまちづくりの目標 …………………… 122
  5.3 津波に負けないまちづくりのための三つの手法 … 124
  5.4 命を守るまち …………………………………………… 126
  5.5 建物が流失しないまち ………………………………… 143
  5.6 津波の翌日から生活できるまち ……………………… 148

第6章 津波伝承なくして津波減災対策なし ……… 155
  6.1 津波伝承の必要性 ……………………………………… 155
  6.2 新しい津波伝承方法の開発 …………………………… 155
  6.3 津波伝承をサポートするシステムづくり …………… 158

第7章 世界へのメッセージ …………………………… 171
  7.1 防災減災力を高めるために連携しよう（河田惠昭）… 171
  7.2 大災害の教訓を世界で共有しよう（和田 章）………… 180

「東日本大震災の教訓を後世に残すことを考える勉強会」について 185
座談会 …………………………………………………………… 189
あとがき ………………………………………………………… 219
執筆者一覧及び略歴 …………………………………………… 221

第1章
はじめに

　地球の命，国の命，都市の命，人の命を考えます．地球は46億年前に誕生しました．南アメリカの東海岸の形とアフリカ大陸の西海岸の形には類似性があり，インドは遥か昔はアフリカの東にあった島であり，プレートの動きに乗って北に動きアジア大陸を押し続けています．この結果，ヒマラヤ山脈は盛り上がりエベレストの頂上では遥か昔の貝の化石が見つかるといいます．この動きは2008年5月の四川大震災にも関係しています．地球には命があり，確かに生きていることがわかります．日本はさらに複雑な4つのプレートの動きの上に乗っており，火山などの山々が多い島国，そして地震の多発する国です．地震の後に起こる大津波の恐ろしさも絶対に忘れることはできません．さらに，日本列島への自然の猛威は厳しく，台風，強風，豪雨，豪雪，火山の噴火，崖崩れ，洪水，高潮，地震や津波のあとに必ず起こる大火災など，大きな自然災害は日本の各地で，毎年のように起きていることに心しなくてはなりません．

　地球の半径は6 378 km，地震の震源深さは浅いものでは10 km程度，積乱雲の高さは10 km程度です．人間は地球の表面に暮らし，半径の約1/500の深さと約1/500の高さの間で起こる自然現象の中で生きているといえます．我々専門家だけでなく一般の人々も「我々は天と地のはざまで上手に生きる」ことを真剣に考え，安全かつ安心して暮らせる国をつくり，賢くまちや都市をつくらなければなりません．

　日本人の平均寿命はおよそ80歳であり，土木構造物や建築物は60年できれば100年以上使えるようにしたい．ここでは，わかりやすいように人間の働き盛りの年数と構造物の寿命をともに50年として考

察を進めます．これより少し短い30年の間に1度の確率の頻度で，ある人やある構造物の周辺を襲う大きさの自然の猛威があるとします．その人はこの猛威を働き盛りの間に必ず受けると考えますから，この猛威に負けない構造物やまちをつくり，暮らし方を工夫するに違いありません．毎年29/30の率でこの猛威に遭わずに済みますから，50年の全期間に遭わずに済む可能性は毎年の積み重ねでとして$(29/30)^{50}$つまり18.3％となり，残りの81.7％の可能性でこの猛威に遭遇することになります．一人の人生経験や一つの建物の寿命から判断して，構造物や社会の強さを決めてつくる方法では，50年の間に8割以上の可能性でその猛威に遭うことになり，その度に壊れてしまう建物をつくることはしないでしょう．日本の建築基準法でも，諸外国の基準でもこの程度の中小地震動には十分に耐えられるように土木構造物や建築物を建設し，地震後にも続けて使えるようにしています．

　大きな災害は，歴史的かつ地球的に目を広げて調べれば，毎年のようにどこかで起きています．個人的な人生の長さではなく，国や都市の寿命に相当する長い年月を考えて，起こりうる自然の猛威の大きさを考える必要があります．半端な年数ですが，ここで475年に1度の確率の頻度で起こる大きさの自然の猛威を考えます．過去の統計によると30年に1度の地震動の約4倍の大きさの地震動になります．毎年これ以上の猛威に遭わずに済む可能性は474/475であり，50年の間に1度も遭わずに過ごせる可能性は$(474/475)^{50}$, 90％となります．残りの10％がこの猛威に遭う可能性であり，室町時代から今までの時の長さの475年に1度，その地を襲う猛威に対処するように国や都市をつくっていても，50年の間には1割の率でこの猛威に遭遇することになってしまいます．日本の建築基準法の耐震基準は最低基準ですが，ここで示した程度の地震動を大地震動として考えています．この大きさの地震動に対して，基準法では人命を防ぐために倒壊しないようにつくることを目指しますが，残念ながら建築物に大きなひび割れが入り，傾いてしまい，使えなくなること，取り壊さねばならなくな

ることを許容しています．

　ここでは一つの構造物の寿命を50年として考察しています．個々の構造物ではなく都市や国の防災・減災を考えるなら，数百年，数千年の寿命で考察すべきかも知れません．ただ，個々の構造物の寿命は50年長くても100年であり，それぞれ更新されていきます．これを行う将来の技術は今より進展し，より安全な構造物を構築できるはずだとの期待が基本にあると考えます．いつの時代でも，我々はこれらの技術を進展させていく使命を持っています．

　米国で使われている数値ですが，縄文時代まで遡るような2 475年に1度襲うような大きな自然の猛威を考える方法があります．毎年この猛威に遭わずに済む可能性は2474/2475であり，50年の間に1度も遭わずに済む可能性は$(2474/2475)^{50}$となり98％です．文明の歴史の長さに戻って決めた自然の猛威に対処して国や都市をつくっていても，50年の間には，これを超える猛威に2％の可能性で遭遇してしまうことになります．

　東日本大震災のあと原子力発電所の耐震設計が大きな話題になり，何十万年に一度起こるかどうかの地震や竜巻，火山の爆発を議論しています．原子力発電所の大災害は，施設の災害にとどまらず，陸上や海上の広い領域に放射能汚染を広げることになり，比べもののないほど災害の大きさが甚大であり，ありうる自然の猛威をすべて考慮することは必須です．

　ただ，人々は防災・減災のためだけに生きているわけではありません．仕事のこと，老後のこと，家族のこと，親の看病，子供の教育など，日々の生活で考えねばならないことは多くあります．これだけでなくスポーツや芸術，国内・海外への旅行など，人々にはしたいことが多くあります．人々のこれらの思いだけでなく，日本国憲法に国は人々の財産権は侵してはならないといわれており，一般的な構造物の強さを決めるときに，原子力発電所と同じように考えるのは過剰だと人々も行政も考えます．だからと言って，現在の建築基準のように，数百年に1

度で起こる地震動を考え，この地震で土木構造物や建築物が傾いてしまい，使えなくなってしまうことを許す方法，東日本大震災で起きたように大津波で橋や建築物がすべて流されてしまい，まちや都市の復興をゼロから始めなくてはならない方法は，基本的に我々の望むことではありません．

これからの目標は，極力損傷を減らし，少なくとも直せば使える土木構造物や建築物でまちや都市を構成し，大地震や大津波に対して都市の命の継続性を確保する努力が必要です．損傷を直すまでに若干の滞りがあるかもしれませんが，取り壊すことがなくなり，まちや都市がすべて流されるようなことがなければ，普段の生活に早く戻ることができるようになります．20世紀初頭から蓄積してきた耐震技術を用いれば，従来と変わらない建設費によって，損傷は極力小さく，損傷したとしてもすべてを失うのではなく修復の容易な構造物の建設が可能です．さらに，大きな自然を守り，動植物の自然の循環も壊さない，海岸線や山地をコンクリートで埋め尽くす方法ではない賢い取り組みが必要です．

我々21世紀の専門家は，自然の猛威に負けずかつ自然を壊さない方法で，都市計画・土木・建築の仕事を進めなくてはなりません．それでなければ，都市の命だけでなく，国の命も危うくなります．

この本は専門の方々が工夫して，高校生でも読めるように書かれています．防災・減災の基本は家族・コミュニティにあり，この延長線上に市町村から国の対策があります．人任せにせず，家族の皆様で防災・減災のことをよく考え，賢く安全な住み方，安心して暮らせるように取り組んでいただけるようお願いいたします．

第 2 章
津波を知る

2.1 災害列島日本を知る

　日本列島は，北海道・本州・四国・九州という大きな4つの島などから構成され，その長さは約2 000kmに達します．すべての国土は，環太平洋地震帯や火山帯に属しています（**図 2.1.1**）．気候は，列島全体が温帯湿潤気候に属し，春夏秋冬の季節の違いがはっきりと現れます．これだけ季節の違いが明らかであるのは，世界でも日本だけだといわれています．「風光明媚」という言葉は，わが国の自然環境の豊かさを表しているのです．

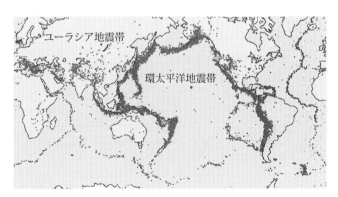

世界の主要な地震帯には，太平洋を取り巻く環太平洋地震帯と，インドネシアからヒマラヤを通り地中海へ続くユーラシアプレート南縁の地震帯があります．環太平洋地震帯は大部分が沈み込み境界です．ユーラシア地震帯には，沈み込み・衝突・横ずれの境界が連なります．

　　図 2.1.1　世界の震源分布（1963-1977，M4.5 以上）と環太平洋地震帯
　　　　　　　（出典：内閣府防災白書）

しかし，一方では自然災害の種類の多さやその発生する頻度，規模の大きさにもつながっています．この特徴は昔から続いているものであり，古文書が残っている6世紀ごろから災害に関する記述が現れています．自然災害は歴史性と地域性という二大特徴を持っていますが，日本ほどそれが顕著に認められる国は世界に例をみません．

例えば，死者が1 000人を超えるような自然災害を巨大災害と定義すれば，**図2.1.2**に示すように，7世紀以降，地震，津波，高潮，洪水の巨大災害が20回以上，それぞれでカウントすると合計98回発生しています．火山噴火による大災害が3回と少なくみえますが，大規模な火山噴火が起こっても，わが国では火山周辺に多くの人が住んでいないこともあって，大災害になりにくいのです．これらの災害の中で，地震や津波はかなり周期的に発生しているのに対し，高潮や洪水はある時期に集中するという特徴を持っています．

一方，地域性については，同じ災害でも場所が変われば特徴が変わるという性質があります．例えば，台風によって発生する高潮は，九州の有明海や八代海，瀬戸内海の周防灘，大阪湾，伊勢湾，東京湾が常襲地帯となっていますが，それぞれの海域で起こる高潮には異なる

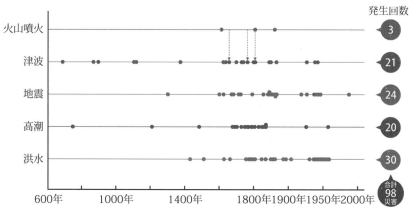

図2.1.2 わが国で死者1 000人以上（推定）の大規模災害
（出典：防災教材「勇気をもって」関西大学・読売新聞社・NNN，2013）

特徴があります．海域の広さや形状，周辺の地形などの違いがこの理由です．

わが国では，世界で発生する自然災害のほとんどの災害が起こります．その代表は，地震，火山噴火，津波，台風，洪水，高潮，竜巻です．現在，地球全体が自然災害の激動期に差しかかっていることや，地球温暖化の進行と関係して，自然災害では極端な現象が発生しやすくなっています．

まず，地震や火山噴火について説明します．日本列島そのものが環太平洋地震帯に属していることが挙げられます．地球の表面はプレートと呼ばれる15枚の硬い岩盤で覆われ，その境目でプレート同士が衝突したり，引っ張り合ったりするため，プレートの境目の近くでは地震や火山噴火が発生します（図 2.1.3，2.1.4）．プレートが破壊されると地震が起こり，地球内部に向かって深い割れ目ができると，マグマが上昇し火山が噴火します．海底地震や海底火山の場合には，海底そのものが隆起したり沈降したりするため，津波が発生するのです．

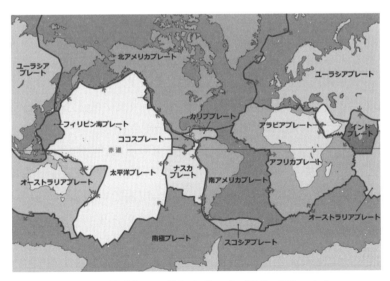

図 2.1.3　地球上に 15 枚あるプレート（出典：Wikipedia）

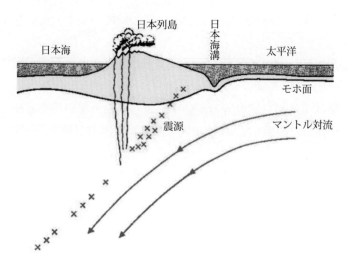

図 2.1.4 プレートの動きによる地震と火山噴火
（出典：(独) 防災科学技術研究所「地震の基礎知識とその観測」2013）

● 津波を引き起こす活断層型地震と海溝型地震

　津波は地震や火山噴火，地すべりなどの地殻変動によって発生します．日本で起こる津波は，9 割が地震によるものです．海域で地震が発生すると，海底が沈み込んだり盛り上がったりして，その上にある海水が動かされ，津波が発生します．津波は波長と波の周期がとても長く，大規模な波が時速数百 km ものスピードで沖合から海岸に押し寄せてきます．海底から海面まで，巨大な海水のかたまりとなって何度も押し寄せてくるため，陸に大きな破壊力をもたらすのです．

　津波を発生させる地震は，発生場所により活断層型地震と海溝型地震*に分けられます（**図 2.1.5**）．活断層型地震は，沿岸部に近い海底の活断層で発生する地震で，津波の範囲は小規模ですが，陸に近いところで起こるため短時間で押し寄せます．海溝型地震は，地球の表面を覆うプレートの境目などで起こる地震で，大規模な断層のずれによる地殻変動が起こるため，大きな津波が発生しやすくなります（**図 2.1.6**）．

2.1 災害列島日本を知る

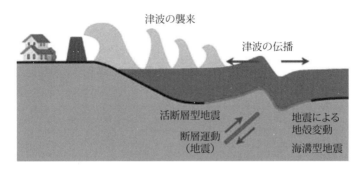

図 2.1.5 活断層型地震と海溝型地震による津波
(出典：防災教材「勇気をもって」関西大学・読売新聞社・NNN，2013)

海底にあるプレート同士の境界では，海洋プレートが大陸プレートの下に潜り込んでいき大陸プレートが一緒に引きずり込まれて境目にひずみがたまっていきます．ひずみが限界に達すると，大陸プレートが一気にはね上がり，海底地形の盛り上がりや沈み込みに合わせ，海水が押し上げられたり沈み込んだりする動きが四方八方に伝わり，津波が発生します．

図 2.1.6 海溝型地震「プレート境界型地震」による津波の発生
(出典：防災教材「勇気をもって」関西大学・読売新聞社・NNN，2013)

*海溝型地震

　地球表面は，プレートと呼ばれる板状の岩石の層，岩盤で覆われています．プレートには大陸地殻をのせる大陸プレートと，海洋地殻をのせる海洋プレートがあります．地球の表面はこうした 15 枚のプレートで覆われ，互いに押し合ったり，離れたりして動いています．海溝型地震にはこうした地殻運動がプレートの境目で起こる「プレート境界型地震」と，海側のプレート内部で起こる「プレート内地震」があります．

● 多くの海域でわかっていない海底活断層

これまでの研究では，比較的データが豊富な数百年程度の地震をもとに，地震が起こる範囲を想定していました．けれども何千年，何万年の単位で地球の地殻運動をみていくと，もっと広い範囲で発生する巨大地震も起きています．東日本大震災の経験を踏まえ，想定される地震の範囲を見直し，これからの津波防災に生かしていく必要があります．

また海溝型地震による大規模な津波だけでなく，海底活断層で起こる地震による津波にも警戒が必要です．海底活断層で地震が起こると，津波の発生する範囲や規模は小さくなりますが，陸地に近い湾内や海底で起こるため，短時間で津波が押し寄せてきます．

海溝型地震が予測しやすいのに比べ，活断層型地震はどこで起こるかよくわからないので予測できません．日本列島には活断層が数多くありますが，日本周辺の多くの海域ではまだ発見されていない海底活断層が多くあるため，予期せぬ地震による津波の発生も考えられます．

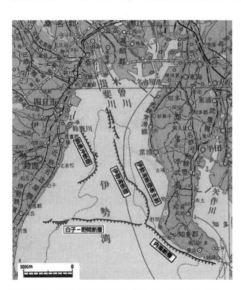

図 2.1.7 海上保安庁の調査により明らかになった伊勢湾の海底活断層帯

海底活断層調査はさまざまな研究機関で鋭意進められていますが，全海域を対象とするのは難しいので，重点的な実施が推進されています．例えば，海上保安庁による沿岸域海底活断層調査区域の一つに伊勢湾がありますが，**図 2.1.7** のように，伊勢湾の中間部を東西に海底活断層帯が発見されています．こうした海底活断層の動きによっては，目の前で局所的な津波が発生

することも考えられるのです．

2.2 東日本大震災の津波を知る

2011年3月11日14時46分，東北地方の太平洋沖で，M（マグニチュード）9.0の巨大地震が発生しました（地震名：東北地方太平洋沖地震）．「震度7」の揺れも観測され，内陸部では家屋の倒壊やライフラインの被害が，東京の湾岸部では液状化による建物被害やコンビナート火災など，多様で複雑な被害が広範囲にわたって生じました．またこの地震に伴い，最高21.1mの巨大津波が発生し，東北地方の太平洋沿岸各地を襲いました．東京電力福島第一原子力発電所の事故も，この津波によって引き起こされたと考えられています．原発事故に伴う被害も含めて，この地震が起こした一連の災害は「東日本大震災」と呼ばれることになりました（2011年4月1日閣議決定）．

この震災による死者は1万5880人，行方不明者は2700人を数え（2013年1月23日警察庁），明治以降では1923年の関東大震災（死者・行方不明者約10万5000人），1896年の明治三陸地震（同，2万2000人）に次ぐ，深刻な犠牲を生むことになりました．経済的被害は16兆9000億円にも及ぶと推計されていますが（内閣府調べ），この数字には原発事故による被害は含まれておらず，実際の被害はさらに大きいとみられています．

この災害の重要な特徴として，被害の規模や内容が，私たちの社会が想定したものをはるかに超えてしまっていたことが挙げられます．これは震災直後から「想定外」という言葉でさまざまな場面で語られてきました．

まず，政府は，今回の震災が発生した地域でM9.0もある巨大な地震が起こるということを想定した防災対策は行っていませんでした．震災前の想定は宮城県沖地震についてM7.5程度，死者数は240人でしたから，実際にはそれをはるかに上回る地震が発生したことになり

ます．

　その結果，三陸地方沿岸部の多くの地域に，想定をはるかに上回る津波が押し寄せました．**図 2.2.1** には石巻市と仙台市が事前に発表していたハザードマップと実際の浸水範囲の違いが示されています．避難場所として指定されていた多くの場所や建物が津波にのみ込まれていたことがわかります．

　福島第一原子力発電所についても，津波の最大波高は 6.1 m と想定されていましたが，実際には 10 m を超える津波が来襲し，電源が浸水したことが事故の最大の原因の一つであるとされています．

　たしかに，東日本大震災は，地震の規模も，また求められる対応も「想定外」の事態であったかもしれません．しかし，津波の来襲までに 1 時間以上あった地域でも，数百人の犠牲者が出ていることを「想定外」という言葉で片付けてよいのでしょうか．「想定外」の典型として語られてきた原子力発電所の事故は，事故への対応を超えて，私たちの社会のエネルギー消費のあり方にも大きな問題を投げかけています．日本は風水害や地震の多い災害大国ですが，同時に，防災の取り組みを

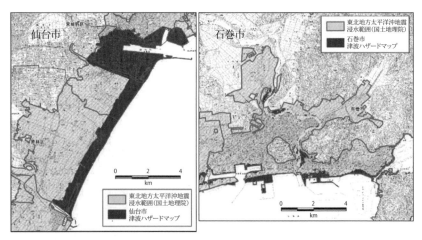

図 2.2.1　津波ハザードマップの予測浸水範囲と東日本大震災での浸水範囲
（濃色部：予測浸水範囲，淡色部：東日本大震災浸水範囲）（出典：内閣府防災白書）

充実させ，災害による犠牲者を減らす努力をし，その成果も出してきました．将来の災害から社会を守っていくために，私たちは，なぜこのように大きな被害・深刻な問題が生じてしまったのかを考え，対策を検討していくことが求められています．

2.3 南海トラフ巨大地震の津波を知る

●東海・東南海・南海地震から三つが連動する 南海トラフ巨大地震の想定

中部地方には，南北に日本アルプスが位置しています．この付近より西の日本列島はユーラシアプレートの上に位置しています．そしてその下に，南のほうからフィリピン海プレートが押し寄せて潜り込んでいます．二つのプレートが衝突しているところを南海トラフ（トラフとは，海溝に比べて浅く，幅が広いくぼみ）と呼び，**図 2.3.1** のように，駿河湾から沖縄近海に列島に沿って伸びています．

このトラフに沿って歴史的に大きな地震が発生してきました（これをプレート境界地震と呼んでいます）．便宜的に，東から東海・東南海・南海地震と名づけています．古くは日本書紀に 684 年にここで大

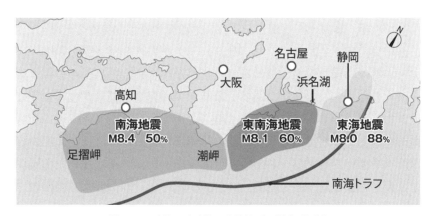

図 2.3.1 東海・東南海・南海地震の想定震源域
(出典：防災教材「勇気をもって」関西大学・読売新聞社・NNN, 2013)

第2章 津波を知る

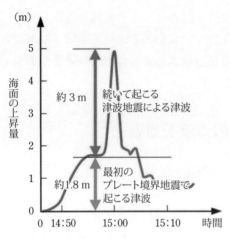

図 2.3.2 連続する津波による海面上昇
（出典：防災教材「勇気をもって」
関西大学・読売新聞社・NNN，2013）

地震があったことが書かれています．そしてこれまでに，わかっているだけでもマグニチュード（M）8クラスの地震が100年〜150年周期で9回発生しています．それらの地震の特徴は必ず津波を伴うことです．現在，それらの今後30年以内の発生確率は，いずれも70％を超えており，いつ地震が起きてもおかしくないといわれています．

2011年東日本大震災が発生する以前は，東海地震単独，東南海・南海地震連動，あるいは東海・東南海・南海地震の3連動の地震発生のモデル化が行われ，地震や津波が起こればどのような被害が発生するか予測し，それに対する対策の強化がとくに東海地震を対象として行われてきました．ちなみに3連動の場合は，想定される死者は2万8000人，被害額は81兆円に達するとされていました．

ところが，東日本大震災が起こり，地震発生過程が見直されました．その結果，**図 2.3.2**のように，南海トラフでも通常のプレート境界地震と南寄りの深い海域で津波地震（揺れが小さいにもかかわらず，津波が大きくなる）の同時，あるいは時間差の発生が懸念されるようになりました．津波堆積物の調査結果などから，従来の東海・東南海・南海地震モデルが拡大され，西部の境界は宮崎県海岸付近，北部の境界はフィリピン海プレートが地表から30 kmの深さまで達した地域まで拡大されました．その結果，M 9.0のプレート境界地震の震源域と，さらに津波地震を起こす南側の海域まで拡大した波源域が提案され，全体の地震マグニチュードが9.1となりました（**図 2.3.3**）．

2.3 南海トラフ巨大地震の津波を知る

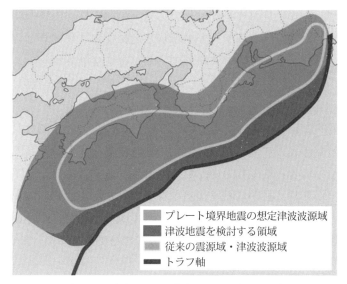

図 2.3.3 南海トラフ巨大地震の震源域・波源域
(出典:防災教材「勇気をもって」関西大学・読売新聞社・NNN, 2013)

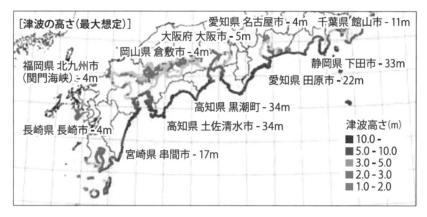

図 2.3.4 南海トラフ巨大地震の津波高想定図
(出典:中央防災会議「防災対策推進検討会議」南海トラフ巨大地震対策検討 WG 報告書)

　この地震を南海トラフ巨大地震と呼ぶことになり,震度 7 の地域や津波の高さが 30 m を超える沿岸域が分布することがわかってきました(**図 2.3.4**).そして,最大の犠牲者は 32 万人に達する可能性があ

ることが明らかにされました．災害の最大の特徴は，災害救助法が約700市町村に適用されるスーパー広域災害になることです（東日本大震災では241市町村）．被害地域の広がりは2.9倍ですが，太平洋沿岸に多くの住民が住んでいることから，被災地の人口は8倍に拡大し，約5900万人に影響が及ぶことが明らかにされました．次に地震と津波が連続的に起こる複合災害となることです．その後，台風などがやってくるともっと大規模な被害になる可能性があります．そして，道路の不通や停電の長期化などの，私たちの生活を支えているライフラインの被害が非常に長期に続く災害となることが心配されています．しかも，沿岸市町村や中山間地域の約1万1000集落は道路が通れなくなって孤立する危険があることも明らかになってきました．

2.4 津波の歴史とその教訓

1) 歴史に記録された津波
● 世界最古の津波の記録　—紀元前5世紀ギリシャ時代の津波

　ギリシャ時代の紀元前426年にエーゲ海で起こった津波の記録が残

図2.4.1　ギリシャのエヴィア島（エウボイア島）

されていて，これが世界最古の津波の記録とされています．ギリシャの首都アテネの北方，エーゲ海のエヴィア島（エウボイア島）西岸のロヴィエス（オロビアイ）というまちを襲った津波で，地震の後，潮が引いた直後に大波がまちを襲い，逃げ遅れた多くの人が犠牲になったと当時の歴史家が記録しています．また，当時は，アテネとスパルタとの間の戦争，ペロポネソス戦争のまっ最中であり，近くに停泊していた軍船も被害に遭ったようです．現在もそうですが，船は津波に案外，無力であることが最古の記録にも記されています．

　地図を見ると，津波が発生したとされる，エヴィア島とギリシャ本土の間の海峡は瀬戸内海よりも狭いようで，こうしたところでの直下地震でも，大きな津波が起こりうるという事例でもあります（**図 2.4.1**）.

　図 2.4.2 は西暦 2000 年から 2009 年までの 10 年間でマグニチュード 5 以上の地震の震源と地球上のプレートとその境界を表しています．津波というと日本，チリ，インドネシアといった地域でのプレート境

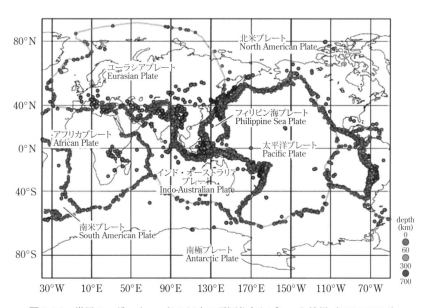

図 2.4.2　世界のマグニチュード 5 以上の震源分布とプレート境界（2000-2009）
（出典：平成 22 年版防災白書）

界で発生する大地震による津波を思い浮かべますが，大西洋にもプレート境界はありますし，地中海にはユーラシアプレートとアフリカプレートの境界があり，繰り返し地震が発生していることがわかります．エーゲ海で津波が発生するのは当然のことなのです．それでは，なぜ，ギリシャ時代のエーゲ海の津波の記録が最古なのでしょうか？

　そこには，文字があって初めて記録することができたという側面と，もう一つは，津波が来たところに人が住んでいて被害を受けたから，記録に残したということがあります．ギリシャ時代に書き残された「海に沈んだアトランティス大陸」の話，旧約聖書の「ノアの方舟」などは，もしかして，大きな災害があって，それが長く言い伝えられてきて，後に，書き残されたとも考えられますが，今のところ，文字が始まった古代四大文明のエジプト，メソポタミア，インダス，黄河文明の歴史には津波の記録はどうも残っていないようです．

● **日本最古の津波の記録　―西暦 684 年白鳳時代の津波**

　日本最古の津波の記録は 1360 年前の白鳳地震津波がそうで，日本最古の歴史書・日本書紀に「天武 13 年 10 月 14 日夜 10 時ごろ（西暦 684 年 11 月 26 日）に大地震が起こり，国中の男女みな叫びあい逃げまどった」と記録されています（**表 2.4.1**）．世は天武天皇の時代で，西暦 672 年の壬申の乱から 12 年が経過し，安定した時代であったといえます．諸国に郡の官舎，神社・仏閣が建てられた繁栄の時代でしたが，そうした建物の多くが倒壊し，愛媛松山の道後温泉や和歌山の白浜温泉の湯が湧出しなくなり，また，特に高知県では津波の被害がひどく，地元の産物を税として納める「調」を運ぶ船の多数が流失しました．

　この津波は被害記録の多くが高知や愛媛，和歌山であったため，四国沖で起こる南海地震によるものと考えられてきましたが，その後の発掘調査などにより，ほぼ同時期に静岡沖の東海地震，紀伊半島沖の東南海地震も連動していたことがわかり，南海トラフ巨大地震であっ

表 2.4.1　日本の古代・中世史に残る歴史地震

	駿河・南海・日向灘トラフ	東北沖	日本海	その他内陸
684 年	白鳳地震 (M8.0〜M8.3) 津波			
701 年	大宝地震 40 m 大津波			
850 年			出羽国地震 津波	
869 年		貞観地震 (M8.0〜M8.6) 津波		
887 年	仁和地震 (M8.0〜M8.5) 津波			
1026 年			万寿地震 巨大津波	
1096 年	永長地震 (M8.0〜M8.5) 大津波			
1241 年	鎌倉地震 (M7) 大津波			
1293 年	鎌倉大地震 (M8.0) 大津波 死者 23 030 人			
1361 年	正平地震 (M8.0〜M8.5) 津波			
1454 年		享徳地震 巨大津波		
1498 年 6 月	日向灘地震 (M7.0〜M7.5)			
1498 年 9 月	明応地震 (M8.6) 津波 死者 3〜4 万人			
1586 年				天正地震 (M6.6〜M8.2) 各所津波
1605 年	慶長地震 (M7.9 前後) 津波 溺死者 1 万人			

写真 2.4.1　仙台市若林区にある波分神社（撮影：橋口裕文）

たことがわかっています．

　白鳳地震から 165 年後平安時代の中期，西暦 869 年に，三陸沖で貞観地震が発生し，大津波が東北地方を襲い，その被害状況が歴史書に記録されています．津波は仙台平野を 5 km も遡上したそうで，その後，この地に神社が建立され，以来 1611 年の慶長三陸大津波，1835 年の天保の大津波をくぐり抜け，1905（明治 38）年に波分神社に昇格したとの由来が神社に残されています（**写真 2.4.1**）．

2）歴史に記録されなかった津波
● 津波の痕跡調査が進む　— 世界規模での展開が待たれている

　津波の歴史をひも解くときに気をつけないといけないことがあります．過去の津波の被害は古文書や残されてきた遺跡などから読み取れますが，これらは，そこに人が住んでいて被害にあったから残されているのであって，人が住んでいないところに来た津波は書き残されていないのです．千年，万年といった次元で繰り返し起こる大津波の歴史を知るためには，海岸沿いに古くから残る湿地帯などに堆積した地層から津波の痕跡を発掘する調査研究が進むことが必要で，現に，東日本大震災後も研究が大きく進んでいます（**図 2.4.3**）．

日本沿岸に起こった大津波は太平洋を越えて伝播しますし，遠く向こう岸で起こった大津波も日本まで到達し痕跡を残します．プレート境界で起こる大地震の繰り返しパターン，その規模を知るためには，世界規模で痕跡調査を展開することが必要です．

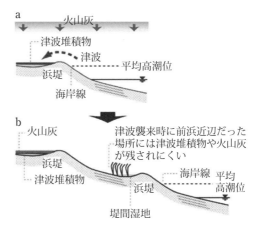

浜堤の前進過程（a→b）とその際の津波堆積物と火山灰の堆積，保存の過程を示した．

図 2.4.3　津波の痕跡調査
（出典：（独）産業技術総合研究所「津波堆積物を用いた過去の巨大津波の研究」）

● **記録も痕跡も残っていない津波 ─ 縄文時代にも津波はあったはず…**

日本の人口ですが，縄文時代中期の5 000年前は26万人まで増えて，その後，気候変動で3 000年前あたりは8万人まで減って，その後，稲作がもたらされた弥生時代の2 000年ほど前に60万人程度となりました．その後，市場経済が根づき始めた室町時代で1 000万人，盛んに新田開発を行った江戸時代はずっと3 000万人程度を維持していたのです．明治維新の3 300万人から150年で現在の1億2～3 000万人に膨れ上がったのです（**図 2.4.4**）．一方，東日本大震災のような大地震大津波に匹敵するとされる1 000年前平安時代の貞観大津波ですが，そのころの日本の人口は600万人程度だったのです．貞観大津波の被害記録『日本三代実録』（901年）には1 000人ほどが溺れ死んだと記述されていますが，現代の人口比は20倍位です．単純に考えても1 000人の20倍なら2万人です．ですから，津波の防災減災を考えるときにそのまま，被害記録だけを頼りにしてはいけないのです．

第 2 章　津波を知る

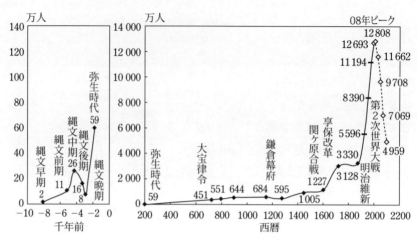

図 2.4.4　縄文時代からの日本の人口推移（出典：鬼頭宏『図説人口で見る日本史』2007）

　南海地震津波は過去 12 万年間，規則的にくり返し発生してきたことがわかっています．古文書の記録としては，日本書紀の 684 年の南海地震（白鳳地震）がそうですが，それ以前はどうだったのでしょうか．例えば，今から約 6 000 年前の縄文海進時代（海面が今より 3～5 m 高かった）に南海地震が起これば，当然，津波は現在よりも奥地まで進入します．

　なぜこのような疑問をもったかといえば，縄文時代のわが国の人口重心は東日本にあったという考古学の研究成果があるからです．この根拠は，縄文時代の遺跡数が東日本のほうが西日本よりも多いということにあります．このとき，「もし，津波で遺跡が流されれば痕跡は残らないので，見掛け上，遺跡が少なくなっているのではないか」という疑問が生まれてきます．もしこの指摘が正しければ，従来の学説には議論の余地が生まれます．

　そこで，かつて淀川と大和川が流入し，大量の流砂が堆積をくり返していた東大阪地区に焦点を当てて，津波計算を行いました．2004 年当時，この地域の中心部の東西方向に，近鉄「けいはんな線」が建設中であり，生駒山脈のふもとで緑色の海成粘土が出土したという新

聞記事に触発されたのです(図 2.4.5).かつては海だった証拠でしょう.まず,東大阪地区の地形は,これら両河川が運んできた沖積土砂を除去して復元しました.この地区では遺跡発掘調査が活発に行われており,その結果や,また,阪神高速道路やけいはんな線の建設に伴うボーリング調査資料も活用することができ,その結果,次のようなことがわかりました.

① 復元した地形で M8.4 の南海地震による津波を発生させたところ,現在の生駒山脈のふもとまではん濫域が拡大し,津波の高さは 5 m に達し,流速も 10 m/s 近くになりました.この津波は貝塚をはじめ低地の縄文遺跡を完全に破壊して流失できる力を持っています.現在,縄文遺跡は上町台地の東麓の森ノ宮にわずかに残っていますが,ここ

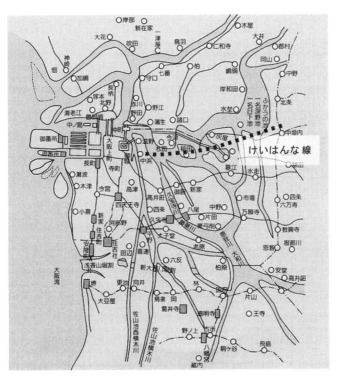

図 2.4.5 大阪平野の古地図(摂河両国水図)(大阪府「治水のあゆみ」に加筆)

は上町台地の背後となるために津波が極端に小さくなり，したがって，遺跡が残っていてもおかしくありません．

② 上町台地の北端に当たる天満橋では，潮流の最大流速は数 m/s に達しました．大阪の古地名は「浪速(なにわ)」と書きますが，その根拠となる値であると推定されます．現在，大阪港の満潮と干潮の差は 1.5 m 以上あり，天満橋での潮流もこのように激しかったと考えられます．

　このような知見は社会科学の研究分野からは出てきません．ここで紹介した結果は，考古学上の定説を再考する必要があることを示しています．

　地震考古学は遺跡に残る液状化の痕跡解析から出発していますが，津波考古学は津波の流体力学的解析に基づいた文理融合型の研究として，わが国で発展させることができる学問分野であると思っています．

2.5　近年の津波の歴史を振り返る

● チリ地震津波（2010年）― 決して侮ってはいけない

　2010年2月27日チリ沖地震でマグニチュード8.8の地震が発生し，50年前のチリ地震津波の教訓を生かし設立されたハワイの太平洋津波警報センター（PTWC）は，すぐさま，太平洋全体に津波警報を発表しました．お膝元のハワイ全島にも警報が発表され，到達予想時刻の5時間半前に避難を呼びかけたのです．予想どおりに2m近い津波が襲ってきたのですが，観光客も含めて，徹底した避難が実行されていましたので，人的な被害は少なくて済みました．それまでの津波対策が成功した事例として，マスコミなどでも称賛されました．

　その逆が，日本です．日本の気象庁は，地震発生の翌日28日の朝，東北沿岸に3m予想の大津波警報，その他，太平洋沿岸から瀬戸内海沿岸，一部日本海沿岸にかけて，広範囲に津波警報，津波注意報を発表しました．おりしも，日曜日で東京マラソンが行われていましたが，そのテレビ実況中継のさなかでも，画面の一部にずっと津波情報が流

2.5 近年の津波の歴史を振り返る

写真 2.5.1 2010年チリ沖地震（M8.8）東京マラソンと津波情報の実況中継

され，注意を呼びかけていました（**写真 2.5.1**）．ほかのテレビ局でも同様で，警報，注意報が解除されるまで，ほぼ24時間の津波報道となったのです．こうして，定点カメラにより長時間にわたって沿岸部の画面が中継されましたが，画面を見る限りは，津波到達時間も高さも予想と食い違っているという印象を抱いた人が大変多かったようです．このことが，1年後の東日本大震災で逃げ遅れの一因となりました．幸い，人的被害はなかったのですが，実は，東北地方の太平洋沿岸部では，養殖いかだや網などが流され，大きな水産被害を受けていました．ただし，そのほかの地域では，沿岸部を通る鉄道の運休や道路の通行止めが続きました．不便をかけたというのか，警報・注意報の範囲が広く，また，収束が長引いたことについて，翌3月1日には気象庁は謝罪会見を余儀なくされるということになりました．

結果としては，約288万人に達する住民を対象に，避難指示・避難勧告が出されましたが，実際に避難した人は3.88％の約6.4万人にすぎませんでした．津波常襲地帯の北海道，青森，岩手，宮城，三重，和歌山，徳島，高知の各県の沿岸市町村でも，対象人口約74万人中，5.18％の約3.8万人が避難したにすぎません．このように極めて低い避難率であり，それまでの津波災害でも，住民の避難率が大変低いこ

とがすでに問題となっていて,しかも,年々これが低くなっていました.
　政府の中央防災会議が推定した津波による犠牲者数は,対象住民の避難率を1983年日本海中部地震津波や1993年北海道南西沖地震津波と同じと仮定して求めていました.もし,2010年チリ津波のように多くの住民が避難しなければ,犠牲者はとんでもない数字に膨れ上がるのは確実で,それでなくても日本列島の周辺では,津波発生の危険が至るところに存在していましたし,また,太平洋のはるかかなた,今回のように1万7000kmも向こうのチリからも度々来襲するのです.そして,なぜそのような遠距離を減衰もせずに津波がやってくるのかとか,どれくらいの破壊力があるのかについての知見もよく知られていませんでした.
　「こんなことではとんでもないことになる」というのが長年,津波防災・減災を研究してきた筆者(河田)の正直な感想で,一気に危機感を募らせました.沿岸の住民がすぐに避難しなければ,近い将来確実に起こると予想されている,東海・東南海・南海地震津波や三陸津波の来襲に際して,万を超える犠牲者が発生しかねない,という心配を持ったのです.この危機感のもと,岩波新書から『津波減災』という本を出版して,警鐘を鳴らしたのですが,その3か月後に東日本大震災が起こってしまいました.
　なぜ,50年前の1960年のチリ津波の教訓を生かせなかったのか,そこには知らないことからくるある種の侮りがあったように思います.侮りの原因ですが,まず第一に,起こった地震や津波のエネルギーの大きさがピンとこないことか挙げられます.この地震のマグニチュード(M)は8.8でした.これがどれくらいのエネルギーの大きさなのかを表2.5.1に示しました.まず,広島型原子爆弾の2万2000発に相当します.あるいは,2006年の世界のエネルギー消費量の5.7%(石油換算で5.45億トン)に当たります.2006年のわが国のエネルギー消費量が世界の4.5%ですから,地震が起こった瞬間にわが国の1年3か月分のエネルギーが消費されたことになります.地震の大きさを

表 2.5.1 2010 年チリ沖地震（M8.8）のエネルギーの比較

エネルギーの大きさ	（10 の 18 乗）ジュール
広島型原子爆弾	22 000 発
世界のエネルギー消費量（2006 年）	5.7%
日本のエネルギー消費量（2006 年）	1 年 3 か月分

示すマグニチュードですが，0.2 ごとに 2 倍ずつ大きくなっていきます．したがって，0.4 では 4 倍，0.6 では 8 倍，0.8 では 16 倍，1.0 違うと 32 倍大きいのです．このように指数的な数値であるから，ピンとこないのです．ちなみに東日本大震災はマグニチュード 9.0 ですから，2010 年チリ地震の 2 倍の大きさだったわけです．

　一方，地震の断層モデル（地震を起こした岩盤の壊れ方やその大きさを表す）の計算から，地震のエネルギーの 5 % が津波に変換されたと考えられます．それでも原子爆弾の 1 100 発分に相当します．現地海岸に残っていた津波の痕跡高さが 27 m に達していたのも決しておかしくありませんし，わが国に大津波警報の対象となるような 3 m を超える津波が来ても不思議ではなかったのです．しかし，太平洋のどの経路を通るのか，そして湾の大きさや海底地形で複雑に変化するから，すべてをコンピュータで高精度に再現し，予報することはできないのです．

　次に，津波による流速が 50 cm/s になると，どのようなことか起こるか，それが想像できないことも津波が侮られる原因の一つと思います．大したことはないと考えてしまうのです．流速が 50 cm/s を超えると，どのようなタイプの養殖いかだであっても，係留索が切断されるおそれがあることがわかっています．2010 年のチリ沖地震津波の例では，地震発生からほぼ丸一日，津波対策を実施する余裕がありました．養殖いかだを中心とした水産被害総額は約 64 億円に達しましたが，その 67 % を占めた宮城県と 28 % の岩手県の両県で 95 % に上りました．これらの被害は 50 年前の 1960 年チリ津波時と同じパターンであり，経験が役立っていないことが，そのとき，わかりました．

そして，今回の東日本大震災でも，大きな被害を受けました．

● チリ津波（1960 年）— 遠地津波での教訓を生かす

さて，2010 年チリ津波の 50 年前に起こったチリ地震により，わが国には日本時間の翌 5 月 23 日午前 4 時過ぎに津波が来襲しました．約 1 万 7 000km 離れたチリ沖から，約 22 時間 30 分を要して来襲した遠地津波です．参考のために太平洋上の 2010 年チリ沖地震津波の高さの分布を図 2.5.1 に示します．津波の高さが高い部分が，日本列島とアリューシャン列島方面に集中していることがわかります．

当時，わが国には，遠地津波に対する警報システムはなく，そのため津波来襲後 2 時間も遅れて，気象庁は津波警報を発表しました．この地震は，地震観測史上世界最大の Mw 9.5 であり，この記録はいまだに破られていません．津波は太平洋全域に伝播し，およそ 3 日間にわたって太平洋沿岸各地で反射をくり返して来襲したのです．わが国では高さ 6.1m の津波の最高波が観測され，142 人が死亡しました．

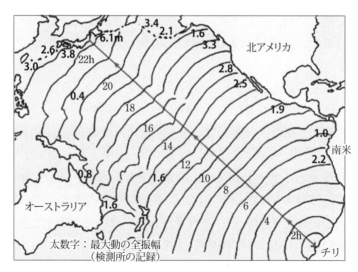

図 2.5.1 2010 年チリ沖地震津波の高さ分布
（出典：（独）防災科学技術研究所「チリ地震から学ぶ」）

この津波によって，それまでよくわからなかった，次の二つのことが明らかになりました．

（1）入り江や湾の大きさによって決まる固有周期があり，これに近い周期（高い津波がくり返しやってくる時間）の津波が来襲すると増幅する．チリ津波の場合，湾口部の津波高さが湾奥部で3倍になった例がある．岩手県・大船渡で大きな被害が発生したのはこれによる．被害が大きかった北海道・浜中町霧多布湾に来襲した津波は，周期がおよそ50分から1時間30分であったことがわかっている．

（2）津波が遠くに伝われば伝わるほど，第1波と最高波の津波が来襲する時間差が大きくなる．チリ津波の場合，ハワイではこの時間差は約1時間あり，最大の津波高さが10.5 mもあったために，61人が死亡した．これは台風がはるか南方にあるときに，わが国に真っ先に土用波が押し寄せる原理と同じで，周期の長い波の進行速度が大きいことが原因である．

　この災害後，ユネスコが中心になって太平洋津波警報組織国際調整グループが設立されました．26の国と地域が加盟して運営費を負担し，ハワイにあるアメリカ合衆国大気海洋庁の太平洋津波警報センターに業務委託しています．委託内容は，太平洋沿岸で地震が発生した場合，津波情報の収集と津波の規模，到達推定時刻などの津波情報の発表です．したがって，気象庁は遠地津波に対する独自の数値予報体制はとっておらず，これも一因となって2010年チリ沖地震津波に際して過大な予報結果をもたらしたのです．

　1960年チリ津波による犠牲者数がインド洋大津波の100分の1程度と少なかった理由は，20 m以上の津波を記録したチリをはじめ，大津波が襲った太平洋沿岸各地の海岸低地に大規模な密集市街地がなかったからといえます．

● 明治・昭和三陸大津波（1896年，1933年）
　―津波地震にも気をつける

　わが国で近代に入って起こった自然災害の中で，1923年関東大震災に次いで死者が多かった明治三陸大津波（死者：約2万2000人）と，その37年後に起こった昭和三陸津波（死者：約3000人）は，津波災害の恐ろしさと歴史的にくり返すという厳しい現実を私たちに教えてくれた災害でした．

　災害の恐ろしさは，被害が大きければ大きいほどその復興が難渋することにあります．それは，被災者に焦点を当てた研究から導かれる事実であり，1995年阪神・淡路大震災で初めてこのような認識が一般的になりました．それまでは，行政の立場から災害を見る，言い換えれば人的・物的被害がどれくらいあって，それをいかに復旧させるかということに焦点が置かれていたのです．したがって，ここでは被災者の立場から両津波災害を俯瞰してみましょう．

　例えば，岩手県の当時の住民数は，69万4867人であり，死者は1万8157人ですから，平均死亡率は0.026，すなわち住民の約40人に1人が亡くなっています．これは平均ですから集落全員が死亡した例もあります（市町村単位の最大死亡率は，高さ15 mの津波が来襲した田老村の0.83で，1867人が死亡しました）．そのような集落に日本各地から親戚縁者が土地を相続するような工夫で復興した場合，新しい住民に津波の教訓は全く伝わりません．実際，37年後の昭和三陸津波で再び全員死亡した集落が存在しました．

　被災社会で大きな問題となったのは，次の三つの事項です．もし同じような津波災害が起こった場合，果たして被災地の復興が可能かどうかを検討しました．

① 家系の断絶：一家全員が死亡した場合や夫婦のどちらかが死亡した場合には，親戚が集まって家系の再興が図られました．一家全員が亡くなった場合には親戚縁者が家系を継続し，かつ義援金をもらって家を再興したのです．夫婦のいずれかが亡くなった場合には，生き残っ

写真 2.5.2 田老町の津波防波堤

た者同士の再婚によって家系の継続が進められました．このような家系の復興は現在では不可能でしょう．少子化のために養子などに出せる子どもがいないことが原因です．

② 高地移転：実に 43 か所で高地移転が行われましたが，半農半漁の生活に不便なことや飲み水が容易に得られないことなどが原因で，10 年経過すると大半が元の集落に戻ってしまいました．そこが，昭和三陸地震に襲われ，再び大きな犠牲を払うことになったのです．

　写真 2.5.2 は岩手県田老町の海抜 10 m（高さ 7.7 m），総延長 2.4 km の津波防波堤です．この防波堤は当初，住民の自助努力で建設が進められました．しかし，完成後，高地移転者が旧市街地に戻ると同時に，この防波堤の海側にも現在市街地が展開しています．**表 2.5.2** に両三陸津波災害の死亡率を示しました．

③ 漁業の復活：例えば，岩手県沿岸では津波によって全漁船釣 7 500 隻のうち約 5 000 隻が失われたといわれています．その復旧の困難さと，肝心の漁師の数が不足することによって，漁業の再興に時間がかかっています．1897 年末現在で生存していた壮年漁師は 5 734 人で，実際に漁業に従事している者は 574 人，1 割であったといます．

表2.5.2 明治および昭和三陸大津波による死者数(人)と死亡率(%)

1896年明治三陸大津波

	岩手県	宮城県	青森県	北海道	合計
死者数	18 157	3 387	343	6	21 893
沿岸市町村住民数	76 105	29 995	—	—	—
死亡率	23.9	11.3	—	—	—

1933年昭和三陸大津波

	岩手県	宮城県	青森県	北海道	合計
死者・行方不明者数	2 667	307	30	13	3 017
沿岸市町村住民数	130 846	35 964	—	—	—
死亡率	2.0	0.85	—	—	—

　昭和三陸津波による死者が明治のそれの1／7で済んだのは，津波地震でなくて地震の揺れが大きくてすぐに避難したからです．もちろん，明治三陸大津波の教訓も生きていたことも挙げられます．

● 北海道南西沖地震津波（1993年）― 近地津波での教訓を生かす

　北海道南西沖地震津波（1993年7月12日）ですが，夜10時17分に発生した地震津波であったにもかかわらず，たまたまNHKのテレビクルーが奥尻島に滞在していたため，市街地の火災の発生の映像が茶の間にいきなり飛び込んできました．真っ暗闇で火災の赤い炎だけがブラウン管に映し出される不気味さは今でも覚えています．津波は地震発生後5分で奥尻島に来襲し，青苗と稲穂という南北端で10ｍを記録し，死者・行方不明者259人に達しました．この津波の恐ろしさから得た教訓は，次のとおりです．

① 10年前の日本海中部地震津波のとき，奥尻島・青苗で2人が犠牲になったために，住民は津波が来ると考えました．そこで，地震後ただちに自動車で避難しようとした人がいましたが，交通渋滞に巻き込まれ，車ごと津波で流され，多くの人が犠牲になりました．震度計が当時設置されていませんでしたので，正確な震度は不明ですが，同島はＭ7.8の地震の震源に近く，震度6強と推察されます．立っておれ

ないような地震に襲われたら震源が近くにある証拠です．したがって，すぐに津波が来ると考えて徒歩で避難しなければなりません．

② 地震後，大津波が短時間で奥尻島や対岸の島牧村から松前町までの地域を襲いました．このため，家にいた漁師は漁港に駆けつける時間がなくて逆に助かりました．もし，実際よりさらに20分以上，津波の来襲が遅れていたら，432人という2倍近くの犠牲者が出た可能性があることがシミュレーション結果からわかりました．この事実は，津波来襲の危険があるときは，むやみに漁港に駆けつけてはいけないことを示しています．

③ 被災後，185億円に達する義援金は，全壊家屋1戸当たり1 000万円を超える配分になり，破損した漁船まで義援金の支給対象となりました．しかし，20年以上経過した現在，奥尻島の被災地は人口減少が続くまちになってしまっています．**写真2.5.3**のような区画整理された美しいまちが出現しましたが，肝心の住民が少なくなっています．観光資源の豊かな土地であり，飛行場もある有利さを生かしたまちづくりをすべきでしたが，逆に居住禁止区域を設定するなど，この災害

写真2.5.3 最近の奥尻島青苗地区の状況（出典：奥尻島観光協会）
再建された住宅が整然としたまち並みを示している

を将来に生かすことができなかったといえます．

　とくに③の教訓は大切です．例えば，近い将来，東海・東南海・南海地震と津波が発生し，被災することがわかっていても，被災後のまちづくりを考えている自治体は大変少ないのが実状です．それでは，被災後，まちづくりを計画しても時間が足らず，結局もとのまちに戻ってしまうことになります．事前に被災後のまちづくりの青写真をつくっておくことの大切さを理解するべきで，それは，自治体の長の使命ともいえます．

　すでに，南海トラフ巨大地震による被害想定も見直され，発表されています．災害と私たちは戦っているのです．被災してから防災集落をつくっても，肝心の住む人が減少したのでは災害に負けたのと同じなのです．

2.6　世界の津波減災を考える

●インド洋大津波（2004年）―東日本大震災の10倍の犠牲者

　インド洋大津波（2004年12月26日）ですが，この日は日曜日で，朝7時58分（現地時間），Mw9.3の巨大地震が起こりました（Mに添え字wがある場合は，モーメントマグニチュードを表します．地震を起こした断層運動の強さを示す地震モーメントをマグニチュードに換算したもので，断層運動の規模を指します．wがない場合は，表面波マグニチュードを表します）．西から進むインド・オーストラリアプレートがユーラシアプレートの下に潜り込むプレート境界地震でした．破壊した境界長さは約1300kmもあり，破壊継続時間も大変長く，約9分でした．ずれの量は境界に沿って南北方向に存在する三つのセグメントで異なりますが，およそ2～20m程度であったと指摘されています．最大の震度はインドネシア・アチェで震度6弱と推定され，揺れが6，7分継続しました．

　この地震が起こったとき，阪神・淡路大震災記念人と防災未来セン

ターでは，数時間後にインドネシア・アチェに 30 m を超える津波が来襲する可能性があることを数値シミュレーションで予測していました．翌 27 日は朝から大阪府の防災委員会があり，筆者は座長を務めながら，現地調査の段取りを早急にまとめました．28 日が御用納めでしたから，この日 1 日で現地調査計画を文部科学省と交渉して具体化しなければなりません．このような海外突発災害調査は，津波に関しては 1992 年のインドネシア・フローレス島地震津波災害からわが国が主導権を持って国際調査として推進してきた経緯がありましたので，短い時間でしたが調査の骨格は関係者間で了解されました．

正月から 6 隊に分けて調査を進めることになり，筆者はスリランカに行くことになりました．最大の被災地であるインドネシア・アチェは反政府活動の拠点であり，危険であるということから当面は見送らざるをえない状態だったのです．この津波の怖さは，高さ 10 m を超える津波がインド洋沿岸各地を不意打ちに襲ったことに起因します．その様子は数多くビデオ撮影されて，わが国の正月の茶の間にインパクトのある映像がテレビを通して配信されてきました．**表 2.6.1** は，被災国の人的被害の一覧で，およそ 22 万 6 000 人が犠牲になりました．

スリランカ・ヒッカドアでは，スリランカの南端の岬を回折（津波が障害物の背後に回り込むこと）してきた高さ 10 m の津波が市街地を襲いました．ココナツ林の中に建てられていたレンガ造の家は木っ端みじんに破壊され，脱線転覆した車両

表2.6.1 インド洋大津波による国別犠牲者数（人）

国・地域	死者	行方不明者
インドネシア	131 029	37 063
スリランカ	31 229	5 637
インド	12 407	（死者数に含む）
タイ	5 395	3 071
モルディブ	83	0
マレーシア	68	0
ミャンマー	80	0
バングラデシュ	2	0
ソマリア	300	0
タンザニア	10	0
セーシェル	1	0
ケニア	1	0
合計	180 605	45 771

第2章 津波を知る

写真 2.6.1 インド洋大津波によるまちの被害状況
（出典：安藤尚一「インド洋大津波・概要，国連写真」）

を含め，その破片が広く散乱していました．地震で家が全壊すれば，そこにガレキの山ができるので，家が存在していたことかわかるのですが，津波で家が全壊すると，ガレキは散乱し，どこに家があったかわからなくなってしまいます．**写真 2.6.1** は津波による被害光景であり，ヒッカドアでは約 5 000 人の住民が死亡しました．

　タイ・プーケットに来襲したときの津波高は 6 m で，流速は 4 m/s もあり，100 km 北部のカオラックでは津波高 10 m，流速 8 m/s でした．インドネシアのバンダ・アチェでは海岸から 4.2 km の内陸部の市街地に津波が来襲したビデオ映像が残っています．それによれば，海岸部で高さ約 9 m の津波は 1.3 m に減衰しましたが，流速は 3.5 m/s に達し，多くの住宅が破壊され，その残骸や家具，自動車などが津波と一緒に流される様子が撮影されていました．津波がとてつもなく大きな破壊力を持っていることを示した映像でした．まさに，インド洋大津波から映像での記録が始まり，6 年後の東日本大震災ではさらに多くの映像が残されることになりました．

　なお，この津波災害がきっかけとなって，国連が中心となってインド洋にもハワイにあるような津波警報センターを設置することを試み

ました．しかし，各国の利害が対立し，国あるいは地域単位の津波警報の分散システムのままで終わってしまっています．また，これが津波常襲地帯全域に普及するには時間がかかります．その後，2010年10月25日にもこの海域で再びM7.7の地震で大津波が発生し，インドネシア・ムンタワイ諸島で700人を超える死者・行方不明者を数えました．いまこの沿岸に住む住民の「立ってられないような揺れを伴う地震が起こったら，津波が来るので早く高台に避難する」という教訓を実行することが必要です．

2.7 津波を誤解しないように

● "安全な津波" はない ― 50 cm なら大丈夫なのか？

　小さな子どもたちと一緒に海水浴を楽しんでいる最中に，津波注意報が発表されたとき，あなたはどうするだろうか？「津波の高さは低いから大丈夫だ！」と勝手に判断すると，とんでもないことになります．例えば，浮輪やビーチボールにつかまって浮いている子どもは，沖に1 km以上も流される危険があるのです．

　水の深さが50 cm程度の波打ち際に立っていて，そこに高さ50 cmの津波が来たら，あなたはそこに立っていられるだろうか？　まず，50 cmの深さのところに高さが50 cmの津波が加わると，海底から海面まで1 mの深さの海水が，鉛直方向にほぼ一様の速度で，岸に向かって流れてくるのだといえます．そのときの流速は，津波の波長によって変化しますが，およそ2 m/sです．しかも海底の砂や砂利を巻き上げてやってくる濁流です．そのとき身体にはおよそ0.3トン強の力が働きます．立ってられずに転倒して，津波と一緒に流されることは間違いありません．

　もし，津波と一緒に砂浜を引きずられたとしましょう．その場合，水の中であるのに，あなたは大やけどをする可能性があります．なぜなら，砂浜はあたかも「濡れたサンドペーパー」のようになるからです．

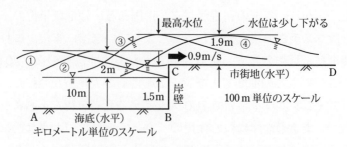

周期 30〜40 分，高さ 2 m の津波が海面上高さ 1.5 m の岸壁に衝突し，市街地はん濫した場合の津波の波形と市街地の断面平均流速が 0.9 m/s となることを示す模式図 (AB 間と CD 間の水平縮尺が異なる，①から④は時間経過を表す)

図 2.7.1 津波は岸壁を簡単に乗り越えてくる

その上で身体をこすりつけるように運ばれるからやけどするのです．1998 年のパプアニューギニアの地震津波災害を調査したとき，私はこのことに気がつきました．負傷者が運ばれてきた病院では，骨折よりも圧倒的にやけどを負った住民が多かったのです．

次に，港の岸壁を考えてみましょう．**図 2.7.1** のように，前面の深さが 10 m あり，岸壁（海面上高さ 1.5 m）に高さ 2 m の津波がやってきたとしましょう．この津波が岸壁に衝突したら，その直後の岸壁上の津波の浸水深さは，それらの差の 50 cm だけでしょうか？ 来襲する津波の周期によって変化しますが，計算すると，背後の路上ではおよそ 1.9 m 近い浸水深さとなることがわかります．つまり，津波がそのまま陸上に乗り上げると考えてよいのです．そのとき，岸壁から 100 m も離れた路上でも，津波の浸水深さはほとんど変わらず，流速は 0.9 m/s のままで，なかなか減衰しないことが見出されています．これでは，歩くどころか，自動車ごと流されることは間違いありません．

● 津波は「高い波」である？

例えば，仮に和歌山県紀伊半島沖で南海地震が起こって，津波が紀伊水道から大阪湾へ向かって進行していると仮定してみましょう．こ

の津波はヘリコプターや航空機から見えるかといったら，答えはノーです．この津波は発生して伝播する過程では，高さはたかだか 1 m，その水面の高まりは進行方向に 10 km 以上も続きます．津波がやってくると目が届く限りの海面が瞬間的に盛り上がります．沿岸の浅い海域に近づいて高さが 3 〜 4 m に高くなっても，見渡す限りの海面全体が盛り上がるから，「津波が来た」とは気づかないでしょう．実際は，音もなく海面がスーッと上がります．このように，わが国にやってくる津波の大半は，海岸にやってくるまでその存在を目で確かめることは不可能であると言っても過言ではありません．漢字で「津波」と書くので，海の波と同じく見えそうな気がしますが，実は特殊な条件の場合しか津波は見えません．

　漢字の「津」は港の意味なのです．港のように防波堤で囲まれたところに津波が入ってくると港の中が津波の運んできた海水でいっぱいになり，岸壁をあふれて市街地に入って来たり，防波堤が水没します．そのとき，津波は見えるのです．

　だから，「高い波」という表現より，「速い流れ」と考えたほうが正しいのです．沖から津波がやってくるということは，「見渡す限りの海面が盛り上がり，速い流れで岸に向かってくる」という表現のほうが妥当だといえます．

　「高い波」と考えると，次のような誤解が生じます．「高さ 4 m の津波がやってきても，護岸や堤防の高さが 5 m あるから，水門さえ閉めれば市街地はん濫は起こらない」というものです．しかし，高さ 4 m の津波とは，「4 m の水面の高さをもつ速い流れ」ですから，護岸や防波堤に衝突すると，前進できなくなって盛り上がるのです．正確に言えば，津波が護岸や堤防にぶつかった瞬間，津波の運動エネルギーがゼロになり（前進できなくなって水の運動が停止する），これが瞬時に位置エネルギーに変換され，海面が盛り上がるのです．理論的には衝突前の 1.5 倍くらいに高くなり，つまり 6 m 近くなるのです．東日本大震災前の津波避難ビルの設計指針では，津波の衝突実験から安全側

で得た3倍の高さとしていました．

　このような理由から，海に面して高い護岸や堤防があるからといって，大津波警報が出ても，避難しなくてもよいと考えるのは早計です．しかも，津波が衝突して高さが高くなるだけではありません．進行中の高速で大量の海水の前進が突然ストップさせられるので，衝撃的な圧力が働きます．そのために，東日本大震災では防波堤や護岸の大半が破損するといったことが起こりました．一般に，海岸の護岸や堤防の設計では，外力として高速の津波を考慮してきませんでした．東日本大震災の被害から復旧した堤防や護岸を除いては，海岸構造物や施設はこれからも破損する危険性も抱えているのです．

● **津波は一度来たら終わる？**

　海底で地震が起こり，海底が盛り上がったとしましょう．そうすると，直上の海面も盛り上がるはずです．そして盛り上がった海面は，次の瞬間，今度は下がるのです．つまり，地震によって震源付近の海面は，平均海面を中心に海面が上下振動することになり，これが周辺の海域に伝わることになります．これは，池の水面に石を投げて波紋が伝わる様子とよく似ています．

　図 2.7.2 は，将来，M 8.4 の南海地震が来襲したときの神戸における津波の計算波形です．このように，比較的大きな津波は 6 波続き，6

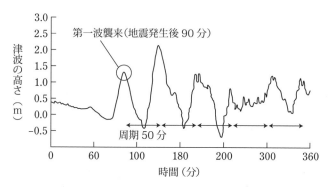

図2.7.2　神戸における南海地震（M8.4）の津波波形

時間は要注意ということがわかります．だから6時間は大津波警報や津波警報は解除されないはずです．しかも，わが国の太平洋沿岸部では，およそ6時間ごとに満潮と干潮が交互にくり返しますから，満潮のときに津波がやってくれば，海面はさらに高くなります．2003年十勝沖地震に際し，気象台は地震4時間後に関東地方の津波警報を解除しましたが，釧路港では6時間後に最高潮位が観測され，被害が発生しました．

さらに，気をつけなければいけないことは，津波が沿岸に来襲すると，ほぼそのまま反射して今度は沖に向かうということです．だから，南海地震で発生した津波が紀伊水道を北上するとき，東西の和歌山県と徳島県では津波のキャッチボールが行われます（これを多重反射という）．このため，例えば田辺市には，およそ20分ごとに津波が来襲するようになります．同じことは豊後水道をはさんで愛媛県と大分県でも起こります．

津波が最初に起こった海域を波源域といいますが，ここの海面は約50分周期で上下するので，津波は50分ごとにやってきます．しかし，時間が経過すればこの津波に両県で反射した津波が新たに重なるので，その半分程度のくり返し周期の津波がやってくるのです．瀬戸内海に津波が入れば，複雑な海岸線と多くの島がありますので，津波は反射をくり返し，それらが時空間に重なるから大変複雑になるのです．

1983年に発生した日本海中部地震では，日本海沿岸で多重反射し，その結果，1日以上津波が減衰せず，沿岸各地に来襲しました．しかも，どの程度の割合で反射するかが事前に正確にわからないので，時間が経過するほど，津波の高さの予測値の精度が落ちることになります．どれくらいの高さの津波がいつまで継続して来襲するかを予測することは，現在の技術を持ってしても，まだまだ至難の業といえます．また，土佐湾や道東海岸のような凹状の長大な湾に津波が来襲すると，津波が捕捉されてエッジ波というものが起こります．つまり，津波のエネルギーが沿岸部から放出されないのです．この波は，海岸に沿っ

て進行するので,沿岸では海面の上下動が長時間継続することになるのです.

● **津波は引き波からやってくる?**

　地球の表面はプレートと呼ばれる十数枚の厚さ約 100 km の岩盤で覆われています.そして,海のプレートは陸のプレートより少し重いことがわかっていますので,ぶつかると前者が後者の下に潜り込みます.両プレートの境界面が固着していればよいのですが,潜り込む量がある一定値を超えると,両プレートは剥離します.そうして,地震が起こるのです.このとき,陸のプレートが海のプレート上をせり上がります.**図 2.7.3** はそれを模式的に表したものですが,この図によれば西側では海面が盛り上がり,東側では下がることになります.インド洋大津波において,スリランカ沿岸には押し波で,タイ沿岸には引き波で第1波が来襲したのは,この図で説明できます.

　この図は基本原理を表していますから,すべてがこのようになるとは限りません.海のプレートがいつも陸のプレートの下に潜り込んでいるとは限らないのです.両プレートの境界の形成が比較的新しい場合,この"ルール"が確立していません.1993年北海道南西沖地震がそうでした.ユーラシアプレートと北米プレートの衝突面で,非常に複雑な破壊が起こったために,北海道沿岸にやってきた津波の第1波

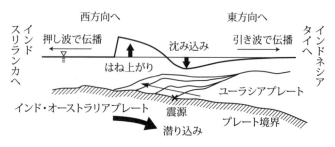

図2.7.3　2004年スマトラ沖地震 (M9.3) が起こしたインド洋大津波の発生メカニズム

2.7 津波を誤解しないように

には押し波と引き波が混在する地域分布が見られました．このように，プレート境界面の破壊過程によって津波の第1波の特徴が決まるといえます．

1937年から47年にかけて小学校の国語の教科書に使われた『稲むらの火』の記述の問題点はそこにあります．文章自体が非常に津波をリアルに表現した素晴らしいものでしたので，そこに書かれていることがすべて真実であるかのような錯覚を生みだしてしまいました．津波が来襲する様子を引き波で始まるように表現したため，読者は「いつも津波は引き波で始まる」ものと誤解してしまったのです．この教科書で勉強した人々は，このように誤解したため，津波警報が出ると海に津波を見に行くという行為が，現在も後を絶ちません．また，それが伝承され，若い人までもそれを信じてしまっています．2003年の三陸南地震の後に実施された気仙沼市の市民の調査では，津波の第1波が引き波で始まっていると信じている市民は何と95％を超えていることがわかりました．また，今回の東日本大震災の津波の後も，その呪縛は残っていると推察しています．

これは，教科書の教材に，フィクションの部分とノンフィクションの部分を混在させた物語を用いたことに最大の原因があります．しかし，国語の教科書の教材で，それまで防災をテーマとした本格的なものは過去何年にもわたって皆無でした．そこで，**図 2.7.4** に示した2011年度から使用される小学5年生の国語の検定教科書で『百年後のふるさとを守る』と題した筆者の教材が採用されることになりました．『稲むらの火』の続編として，主人公の浜口儀兵衛の「つぎの南海地震津波に備えて，世界で最初の津波防波堤を，私財をなげうって建設した」伝記と自助と共助による被災地の復興事業の

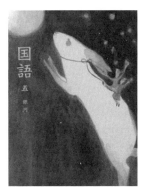

図 2.7.4 教材「百年後のふるさとを守る」が採用された小学5年生の国語の教科書

大切さとともに，正確な津波の挙動を改めて子どもたちに知ってもらいたいという願いを込めたものです．このように，これからは防災減災ついて，正確で賢い教訓を伝えていかないといけないと思っています．

● 津波は第1波が一番大きい？

　図 2.7.5 は，東南海地震（M 8.4）を想定した場合の三重県・尾鷲市に来襲する津波の波形を示しています．これからは，第1波は押し波から始まっていることがわかります．そして，第1波の津波の高さが約7mに対し，第2波は約15mというように，2倍以上大きく，そして第3波と続いています．実際に，尾鷲では1944年東南海地震では，津波で死亡した56人の住民は，ほとんどが第2波によって亡くなったことがわかっています．

　第2波が大きくなる理由は，第1波の引き波に原因があります．図からわかるように，地震後20分すると引き波が始まり，尾鷲湾の海水は外洋に向かうようになります．そして，水深が13mまでの海水はすべて湾外に出て，広範囲にわたり海底が陸上から目視できるようになります．1km以上も海岸線が後退するわけです．そして，次の瞬間，再び尾鷲湾に海水が"戻って"くるのです．これに津波の第2波の押し波が加わり，大きくなるのです．

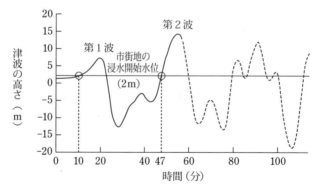

図2.7.5　想定している東南海地震がM8.4の場合の尾鷲市に来襲する津波の時間波形（第2波が一番大きい）

この状態は，下り坂を自由に下降する貨車を，機関車がさらに押して加速しているようなものです．そうすると，今度は登り坂になっても加速された分だけ高いところまで達するというわけです．実際には湾の形状や大きさ，狭窄部や湾口付近の島の存在によって複雑に変化するのですが，要は第1波の引き波のスケールが大きいことが第2波を大きくしているわけです．

2004年のインド洋大津波の第1波は，インドネシアやタイの沿岸では引き波で始まったことがわかっていて，その映像も残っています．海岸が直接，外洋に面しているような地形では，尾鷲湾のような変化は現れず，第1波が大きいといえます．もちろん，海底勾配が緩いと第1波が沖に戻っていく途中に第2波が押し寄せ，両者が衝突して結果的に第2波が小さくなるということも起こりえます．

このように第何波の津波が大きくなるかは，いろいろな要素に左右されるので，一般的なことはいえないのです．前述した和歌山県・田辺市では，コンピュータシミュレーションの結果から，第11波が最大の高さとなることがわかりました．対岸の徳島県沿岸との多重反射が原因なのです．地震発生後およそ3時間40分前後に，最大の津波が押し寄せるわけです．せっかく安全な避難所に避難していても，勝手に「もう帰宅しても大丈夫だろう」と判断することは危険です．前回の1946年昭和南海地震時には，このようなことは明らかではありませんでしたから，こうしたことを知っておくと避難についての理解が深まります．

なお，遠地津波では，第1波の到達時間と最大波の到達時間の差は，波源の位置に左右されます．例えば，1960年チリ津波のとき，宮城県女川町ではこの時間差が約3時間もありました．

● 大きな津波がやってこないことが歴史的にわかっている？

1994年北海道東方沖地震が起こり，道東地方に津波警報が発表されました．そのとき，K市では避難勧告を発令しませんでした．被害

調査の途中，同市に立ち寄り，当時の幹部に「なぜ避難勧告を出さなかったのか」と問いました．その答えが表題です．彼が間違っているのは，"経験的に判断している"ということにあります．K市はたかだか100年程度の歴史しか持っていません．だから，数百年に1度起こるような巨大地震による津波は経験していないのです．また，人が住んでいなければ災害にはならず，歴史に残らないことを知らなければいけません．

実際にK市では被害が発生したのです．満潮時に臨海地帯では津波が道路上5～20cm浸水し，はん濫水が地下のスナックに入り，突然の停電と相まって客があわてて逃げようとして大けがをしています．このように，床下浸水程度にとどまる場合でも，遭難勧告を出さなかったばかりに思わぬところで被害が発生するのです．

最近の調査によれば，**図2.7.6**のように，千島海溝の根室沖と十勝沖においてプレート間（境界）地震の連動（M 8.5）による巨大な津波の発生過程が明らかになってきました．巨大な津波は過去7000年間に平均500年間隔でくり返し発生してきたのです．前回起こったのは17世紀ですが，500年はあくまでも平均値であることに注意しなければなりません．この津波の高さは5～6mと計算され，内陸部へ3km以上にわたって浸入したことがわかっており，これが来襲すればK市は，ほぼ全市水没することになります．1983年日本海中部地震が起こったときも，「日本海では津波は発生しない」という間違った説があったの

A：十勝沖地震(1843, <u>1952</u>, 2003年)
B：釧路沖地震(1993年)
C：根室沖地震(<u>1894</u>, 1973年)
ABC：17世紀初頭，500年間隔地震
下線：一部，釧路沖地震の領域にまたがっている

図2.7.6 千島海溝沿いに発生するプレート境界地震（M7以上）

です．

　このように巨大な津波の発生は超低頻度ゆえに，同じようなことが世界各地で起こっています．例えば，アメリカ合衆国・シアトルとカナダ・バンクーバーを結ぶ沿岸域には，500年周期でカスケーディア地震による大津波が7回も襲ったことが最近，判明しました．これは沿岸部のボーリング調査による津波堆積物を含む砂層の解析からわかった事実です．しかも，前回は1700年1月26日に地震が起こったことが，わが国に残っていた古文書や津波の伝播の数値解析から明らかになりました．当時はアメリカ合衆国もカナダも先住民が住んでいるだけで，国家の形態をとっていませんでしたから，記録は残っていません．ただし，言い伝えだけは残っていたようです．すでに，これらの沿岸部は危険期に入っているということがわかり，両国政府は大慌てで対策を講じている最中です．

● **高い海岸護岸や堤防があるから，大津波警報が出ても避難しなくてよい？**

　わが国の沿岸部に建設された海岸護岸や堤防の高さは，一般にその海岸に30年（とくに重要な場合は50年）に1度くらいやってくる大きな波を対象に決定してきました．大きな波は台風や日本海であれば冬の季節風が吹いているときにやってきます．風が原因で起きるから風波（かざなみ）といいます．海岸護岸や堤防の被災は，設計波高を上回る30年や50年に1度やってくるそうした風波で起こるのです．

　そして，一般に海岸護岸や堤防は，そこにやってくる津波を考慮してつくられてはきませんでした．将来10mの高さの津波が来襲する危険な海岸でも，海岸護岸や堤防の高さは4, 5mしかないのが現状です．津波を考慮すれば，巨大な構造物になり，その建設費用は莫大になりますし，津波常襲地帯といえどもそのような建設は不可能でした．ただし，例外はあります．1993年の北海道南西沖地震後に奥尻島の被災地に建設された高さ約11m，総延長約15kmの津波護岸が

そうです．これは大きな犠牲が払われたからできたといえます，事前にはこのような巨大な防災構造物の建設は不可能でしたし，東日本大震災後も津波の高さを繰り返し起きるレベル1と非常に稀に起こるレベル2に分けて，防潮堤を整備しようとしています（**表 2.7.1**）．レベル2の津波は防潮堤を越流してくるのです．今回の防潮堤の被害は津波が越流したことが，その大きな要因となっていますが，復旧はレベル2の津波が越流しても倒壊しないということを目指しているのです．

だから，海岸護岸や堤防が海側に設置されていても，大津波警報が発表されたら，とりあえず避難しなければなりません．大津波警報は高さ3m以上の津波の来襲が予想される場合に，発表されます．だから，もし10mの高さの津波がやってきたら，どのような海岸護岸や堤防があっても津波は乗り越えて，背後の市街地に津波はん濫が起こるのです．

では，どれくらいの高さの津波がやってくる可能性があるか，事前にわかっているのでしょうか．その答えは半分イエスであり，半分ノーです．想定された近地津波（地震の震源がわが国から600 km以内にあり，津波の来襲前に地震の揺れが襲います．東海・東南海・南海地

表2.7.1 レベル1とレベル2の津波の違い

	対象津波	要求性能
レベル1津波	近代で最大（100年で1回程度の発生確率）	防災 ・人命を守る ・財産を守る/経済活動を守る
レベル2津波	最大級（1 000年で1回程度の発生確率）	減災 ・人命を守る ・経済的損失を軽減する ・大きな二次災害を引き起こさない ・早期復旧を可能にする

震はその典型例です）に対しては，予想される高さの計算値はあります．一方，遠地津波（震源がわが国から 600 km 以遠）に対しては，そのようなものはありません（筆者らが研究用につくった図面は存在します）．

　2010 年 2 月 27 日に起こったチリ沖地震津波について，自治体はハザードマップを用意していませんでした．だから，何 m の高さの津波がやってくるかということは気象庁の発表資料が頼りですが，極端な場合，どれくらいの高さの遠地津波がやってくるかは，事前には正確に予測できないのです．1960 年チリ津波では，わが国で 142 人が犠牲になりました．このとき，全国各地の験潮所で津波の高さが 5 m を超えたところが 6 か所ありました．このようなところは遠地津波に要注意であって，たとえ海岸護岸が整備されたとしても避難しなければなりません．

● **インド洋大津波のような被害は日本では起こらない？**

　2004 年スマトラ沖地震によって発生したインド洋大津波では，最終的に約 22 万 6 000 人が犠牲になりました．インド洋沿岸でこのような大津波が繰り返し発生する周期はおよそ 250 年であって，この事実もこの津波が起こって明らかになりました．被害が発生した大部分の住民にとっては不意打ちの未知の災害でした．だから，事前避難はほとんどのところで不可能だったのです．理由はともあれ，「避難しなかった」ことが巨大被害につながってしまったのです．

　一方，東日本大震災の人的被害は史上最大でしたが，2 万人足らずです．インド洋大津波のような被害は日本では起こりえないのでしょうか．答えはノーです．政府の中央防災会議では，過去の事例の津波避難率を参考にして，人的被害を求めています．**表 2.7.2** は，東日本大震災前に想定された東海・東南海・南海地震が起こった場合の予想犠牲者数です．全休で最大 9 100 人が津波で犠牲になるとしていましたが，もし，危険地帯の住民の 5％しか避難しないとすれば，軽く，1

表2.7.2 東日本大震災前の東海，東南海，南海地震による予想犠牲者数（人）

	東海地震単独	東南海・南海地震連動	東海・東南海・南海地震連動
津波による犠牲者数	1 400	8 600	9 100
全体の犠牲者数	9 200	17 800	28 300

万人を超えてしまうという結果でした．こうした計算では，近年の津波避難時の解析から求められた結果を適用します．しかし，これではとどまらない可能性があります．それは1896年の明治三陸大津波で死者が2万2000人に達した事実は反映されていないからです．

　これだけ犠牲者数が大きくなったのは，この地震が津波地震（地震の揺れが小さいにもかかわらず，津波が非常に大きくなる地震）だったからです．揺れが長く続いたけれども，揺れそのものは小さかったのです．そして，5m以上の津波がやってきた集落では，実に80％以上の住民が犠牲になっています．この日は旧端午の節句（旧暦5月5日）であり，また前年の日清戦争の勝利を凱旋兵士とともに祝う，住民も参加する地域のお祝いが重なりました．夜7時32分に起こった地震は，30mを超える津波を伴い，そこに集っていた人々はことごとく犠牲になりました．

　例えば，将来，南海地震単独発生の場合を取り上げても，高さ5mを超える津波が来襲する集落は，無数にあります．何らかの理由で避難しない，あるいは避難できなければ，確実に犠牲者は1万人を超えます．しかも，1605年に発生した慶長南海地震は，古文書のどこにも地震の揺れによる被害が特筆されておらず，被害の記述は津波によるものだけです．この地震は，明治三陸地震と同じく津波地震だった可能性が高いと思われます．残念ながら資料が極端に少ないために，これ以上の解析は不可能です．だから，もし次の南海地震が起こったとき，地震の揺れが小さいから津波もたいしたことはないと結論を出して避難しなければ，80％以上の住民が犠牲になることは起こりえます．揺れの大きさと津波の大きさを連動させて判断してはいけないこ

とを歴史は教えてくれています．

2.8 津波のメカニズム

● **津波の破壊力 ― 流速を考える**

　同じ体積を考えた場合，水は空気の1000倍近く重いために，1〜2 m/sの流れでも，風に比べて大きな力が働きます．津波の破壊力の例として，津波がやってきたときに木造2階建て住宅が安全かどうかを検討してみましょう．

　河川堤防の決壊による洪水はん濫と，津波による市街地はん濫の特性はほぼ同じであることから，洪水はん濫による住宅被害解析結果は，津波にも適用できます．1983年の山陰豪雨災害では，当時の島根県・三隅町の三隅川がはん濫し，浮上した2階建て住宅が，商店街を次々と流されていきました．浸水深が深くなり，浮いた家具が1階の天井に当たるようになると，急激に浮力が働き，家全体が浮上し流失されやすくなることがそのときわかりました．家に働く力を理論的に求め，これと現地調査結果を突き合わせると，例えば，浸水深が2 mになり，そのときの流速がおよそ4 m/sを超えますと，住宅は浮上し，流され始めることが見出されました．

　2004年インド洋大津波などの過去の事例研究でも，津波はん濫時における市街地の建物周辺の流れに関する現地調査結果が報告されています．そこでは，津波の浸水深がおよそ2 mの場合，市街地はん濫速度が4 m/s前後になる事例が多く報告されています．このことは，津波による浸水深が2 mを超えるような場合，仮に2階に避難しても木造家屋では家ごと流される危険があることを示しています．なお，木造ではなく木質系のプレハブ住宅の場合にもこの結果は適用できると考えてよいでしょう．

　現在，自治体の津波ハザードマップは浸水深を基準にしてつくられているものが大半です．もし，2 m以上の浸水深が予想される地域に

第2章 津波を知る

写真 2.8.1 3階まで浸水したタイ・カオラックの鉄筋コンクリート造のホテル
(出典：日本地震工学会)

木造住宅が立地している場合には，2階に避難することは危険でしょう．小，中学校のような安全な指定避難所に避難する必要があります．

一方，鉄筋コンクリート造の建物はどれくらいの津波高さまで大丈夫でしょうか．その答えが2004年インド洋大津波でも明らかになっています．**写真 2.8.1** は，タイ・カオラックの3階建ての鉄筋コンクリート造のホテルに高さ10 m（そのときの流速は8 m/s）の津波が来襲した後の写真です．鉄筋コンクリートの柱は十分破壊に耐えていることがわかります．この情報は，わが国の津波避難ビルの選定方針が妥当であることを証明しました．なぜなら，避難ビルの選定では，3階建て以上の鉄筋コンクリート造の建物を指定することを原則としているからです．

● **流れとしての津波**

津波は漢字で「波」と書かれているために，海岸に打ち寄せる波と同じであると誤解されているところがあります．津波が湾内や港内に入ってきた場合には，波というよりは流れと考えたほうが，その挙動を正しく理解できます．

例えば，高さ5 mの防波堤に高さ8 mの津波が押し寄せた場合，津波はこの防波堤を乗り越えます．そのとき変化が起きます．防波堤に

2.8 津波のメカニズム

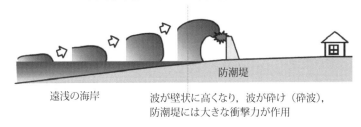

図 2.8.1 前面の海岸により津波は変化する
（出典：兵庫県「津波防災インフラ整備5箇年計画・津波防災インフラ整備」）

津波が衝突すると，海底から深さ5mまでの津波の水粒子が防波堤で止められて前に進めなくなります．その瞬間，海底から5mまでの津波の運動エネルギーは位置エネルギーに変換されます．このため，防波堤上で海面が3mよりもさらに盛り上がって通過することになるのです．

また，津波は前面の海岸の状況により，さまざまな動きをします．**図 2.8.1**はその二つの例を示しています．海岸線の前面水深が深い場合，津波は海水面が徐々に上昇するように到達します．このため，防潮堤には静的な水圧が作用します．この力は，叩きつけるような衝撃力より小さい力です．遠浅の海岸に来る津波は，水深が浅くなるにつれて津波高が壁状に高くなり，その波が砕け（砕波），白波を立てて押し寄せます．そこに防潮堤があると，叩きつけるような衝撃力が作用します．

一方，海水浴場のような遠浅の海岸に津波がやってくると，津波は流れとしての特徴を遺憾なく発揮するようになります．海面が知らない間にスーッと盛り上がり，見渡す限りの海水が岸を目掛けて流れてきます．海底から海面までの海水が岸を目掛けて盛り上がりながらやってくるのです．

 そうなると，たまたまそこにいた魚類をはじめ，岩礁や砂浜・礫浜にいたエビやカニ類，貝類も津波と一緒に市街地に運ばれてきます．1944年東南海地震時に7mの津波が来襲した三重県・尾鷲市では，津波が去った後，壊れた住宅のガレキの中で伊勢エビが跳ねていたとか，ため池で鯛が見つかったというようなエピソードが残っています．

 この東日本大震災では前面の海底に溜まっていたヘドロなども打ちあがってきたところがありました．西日本では昭和の東南海，南海地震津波の後，戦後の高度成長時代に垂れ流された有害な物質が海底に溜まっているところもあり，懸念しています．

● **高波や高潮とは違う**

 わが国では，津波と高波と高潮の違いを知る機会はほとんどありません．ところが，台風が接近してくると，高波警報や高潮警報がいきなり発表されます．津波の場合も，同じように，いきなり警報が発表される傾向です．テレビでもこれらの現象の違いをわかりやすく解説する番組はほとんどありません．

 図2.8.2は，これらの違いを模式的に示したものです．ここで「深い海」は水深200m程度以上の海，「浅い海」は水深10m程度の海を指しています．

 まず，風によって発達する高波は，深い海では水粒子の運動は円軌道になって閉じます．したがって，実質的に波の進行方向への海水の流動はありません．このときの波長（隣り合う波の峰同士の距離）は，波の周期の2乗の値に1.56倍した長さです．例えば，周期10秒の波では波長は156mとなります．この約半分より深いところでは海水は

動いていません．したがって，台風が接近して海が大荒れのときでも，魚は深いところで泳いでいますし，荒波の影響を受けないのです．

ところが，浅い海域に高波が入ってくると，水粒子の円軌道は楕円

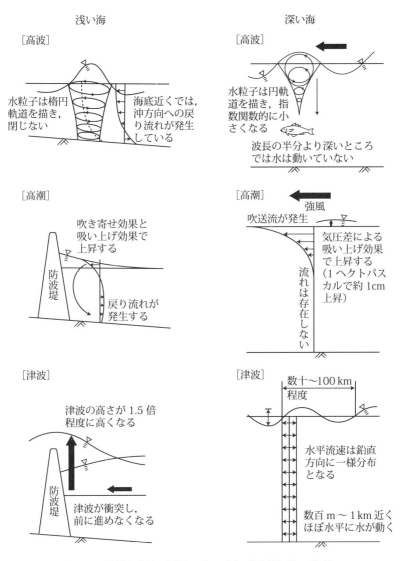

図2.8.2 津波と高波，高潮との違い（浅い海と深い海の場合）

形になり，かつ閉じずに海水の進行方向への流動が起こります（実際は波形が尖るようになり，この楕円形の軸が傾き進行方向に非対称形となります）．これを「質量輸送」と呼び，これが原因となって海岸線付近で海面が上昇します．その結果，海底近くでは沖方向への戻り流れが発生します．

　一方，高潮はどうでしょうか．台風の強風が吹くと，吹送流が海面のごく近くで発生し，膨大な海水が風下方向に運ばれます．これが海岸付近に溜まって海面が上昇します．そのため，遠浅な海岸では高潮が極めて大きくなります．メキシコ湾を北上した 2005 年ハリケーン・カトリーナの場合，高潮によってアメリカ合衆国・ニューオーリンズ付近の海面が 8.5 m も上昇しました．また，図のように防波堤や海岸護岸のところにやってきますと，吹送流がせき止められる形となり，そこで海面が盛り上がり，海底近くでは戻り流れが発生します．ただし，この流れは小さく，高潮の場合は，水面が単に上昇していると考えてよく，だから，高さ 5m の高潮は 5 m の海岸護岸で防御できるのです（実際には，高潮発生時には強風が吹いていますので，高波の影響を考慮しなければなりません）．

　さて，M 8.4 の南海地震に伴う津波を考えてみましょう．水深約 200 m では，水粒子は約 250 m 程度，前後に往復運動します．このときの津波の高さは 1 m 前後になります．これが水深約 10 m の海域に来ますと，水粒子は約 800 m 前後，往復運動します．そこに防波堤があると，海底から海面までほぼ水平に運動している水粒子が前に進めなくなり，前述のように，これが位置エネルギーに変換され，津波の高さが約 1.5 倍高くなります．したがって，高さ 5 m の津波は 5 m の海岸護岸に衝突すると，7.5 m 近い高さに盛り上がり，海岸護岸を容易に乗り越えてしまうのです．

● 遠地津波と近地津波

　遠地津波と近地津波の違いは，震源から沿岸までの距離が，600 km

より遠いか近いかということです．したがって，遠地津波の場合には，地震の揺れによる被害はないと考えてよいのです．2004年スマトラ沖地震では，震源近くのバンダ・アチェでは，震度6程度の揺れに加えて，10m近い津波が来襲しました．一方，約1500km西方のスリランカでは，地震の揺れがなく，10mの遠地津波がいきなり押し波で来襲したのです．

わが国にとって，遠地津波の場合に気をつけなければいけないことは，次の2点です．

① 遠地津波の場合，遠くから伝播してくるので，津波の周期が比較的長くなる．このことから湾入距離（陸地に入りこんだ湾の入口から湾奥までの長さ）が長い湾で，共振現象によって津波が増幅される危険があるのです．1960年チリ津波の際，大船渡湾奥で多くの犠牲者（全犠牲者142名のうち53名）が出たのはこの理由によります．この湾では，第1波到着後，約8時間の間に8波の津波の来襲を数え，周期は約1時間でした．これは近地津波の周期よりも長いといえます（ちなみに南海地震では約50分周期です）．

② 太平洋の海底山脈，すなわち海嶺での津波の反射（前節で説明）や導波（海嶺に捕捉されて，これに沿って津波が伝播すること）によって，不意打ちの津波が来襲する地域があります．

一方，近地津波の場合についてはどうでしょうか．M 8.4の南海地震津波を代表例として，**図 2.8.3** に示した海域で計算しました．**表 2.8.1** にはそれぞれの海域における最大波高，周期，波長，波速（津波の伝播速度），流速を示しました．波高の高い第1波から第6波までの南海地震津波が，およそ50分ごとに来襲することが計算結果からも求められています．

このように，津波の進行とともに，津波の特性は大きく変わることに注意しなければなりません．その点に関して，次のようにまとめることができます．

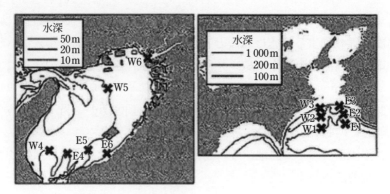

図2.8.3 紀伊水道から大阪湾に進入する南海地震（M8.4）の津波の出力海域

表2.8.1 それぞれの海域における最大波高，周期，波長，波速（津波の伝播速度），流速

出力点名	最大波高 (m)	周期 (分)	波長 (km)	波速 (m/s)	流速 (m/s)
W1 (1 000 m)	1.31（第一波）	60	356	99.0	0.10
W2 (200 m)	1.78（第一波）	55	145	44.3	0.44
W3 (100 m)	2.77（第一波）	45	85	31.3	0.93
W4 (50 m)	0.69（第一波）	55	74	22.3	0.41
W5 (20 m)	0.68（第一波）	50	43	14.2	0.54
W6 (10 m)	1.08（第一波）	60	38	10.4	1.13
E1 (1 000 m)	1.46（第一波）	60	356	99.0	0.11
E2 (200 m)	1.92（第一波）	60	159	44.3	0.37
E3 (100 m)	2.04（第一波）	55	103	31.3	0.65
E4 (50 m)	0.61（第一波）	55	73	22.3	0.39
E5 (20 m)	0.61（第二波）	55	47	14.2	0.53
E6 (10 m)	0.79（第二波）	55	34	10.3	1.55

① わが国の太平洋沿岸に震源があるプレート境界地震（北は千島海溝沿いの地震から南は南海トラフにおける東海・東南海・南海地震までが対象）による津波では，大きな波高が6時間継続します．すなわち，約6時間は要注意といえます．

② 地震の揺れは小さくても，1分以上揺れている場合は津波地震の危険性があります．この津波特性は現状では正確に計算できませんので，津波常襲地帯では，ともかく避難しなければなりません．

③ 1982年日本海中部地震のように，日本海に震源があるプレート境界地震では，丸1日大きな津波が継続します．それは対岸の朝鮮半島やロシアの沿海州と日本列島の間で多重反射（何度も反射を繰り返すこと）することが原因です．

第3章
津波減災対策が大切
― 命を守ることと暮らしを守ること

3.1 民間の建物や各種の道も複合的な津波減災に加わる

● 地震国の宿命を乗り越えて安全なまちと都市を目指すには

　全世界の地震の約10％が日本周辺で発生しています．中でも，マグニチュード6.0以上の大きな地震については，約20％を日本周辺が占めています．アメリカの地質調査のデータでは，2000年から2009年までの10年間で，マグニチュード6.0以上の地震が世界で1 036回起こりましたが，そのうち，212回が日本周辺で発生しています（**図3.1.1**）．また，**図3.1.2**は，こうした大きな地震は内陸ではなく，その多くは海で発生していることを示しています．そして，海で発生した地震はしばしば津波を引き起こしてきました．そこに，東北地方太平洋沖地震が発生しました．

　東日本大震災の被害をみると，これまでの日本の建築，まちづくり，都市計画は，津波に対してほとんど対処しないまま進められてきたことがわかりま

図3.1.1　マグニチュード6.0以上の地震回数2000年から2009年の合計．日本については気象庁，世界については米国地質調査所の震源資料より作成（出典：平成22年防災白書）

第3章　津波減災対策が大切 — 命を守ることと暮らしを守ること

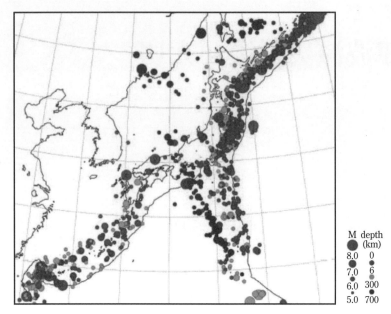

図3.1.2　日本付近の地震活動（出典：平成22年防災白書）
2000年〜2009年に発生したマグニチュード5.0以上の地震

す．かさねて，津波を軽視して原子力発電所をつくってきたことを反省しなければなりません．フランスで地震が起きたことはほとんど聞いたことがありません．実際には，フランスの地中海側ではイタリアやスペインと同じように地震が起きると考え，30年以上前から原子力発電所や核融合炉は免震構造でつくっています．日本の原子力発電所には研究が足りないといいつつ，一つも免震構造は使われていません．中越沖地震のあとに福島第一発電所には免震重要棟が建てられ，東日本大震災後の活動に大きな役割を担いました．

　ロンドンのまちは1600年代の大火事のあと長い年月をかけて燃えない都市づくりを完成しました．日本は何度も起きた江戸の大火，関東大震災の大火，第二次世界大戦末期の東京大空襲などに懲りず，木造住宅の密集地を今でもつくり続けています．東日本大震災後に津波警戒区域を指定しても，津波のおそれのあるところに木造の家を建て

ようとする人々がいます.

　東日本大震災の犠牲者ですが,岩手・宮城・福島3県では90％以上の方が溺死で尊い命を奪われたといわれています（**図 3.1.3**）.現状の津波の減災対策としては,まず避難することが大切なのですが,逃げ遅れたか逃げる途中で津波に襲われました.ほかにも,小学校に避難するまではよかったのですが,校庭に駐車した車の中で亡くなられたり,体育館にいて,その体育館が水没してしまったということもあったそうです.津波が目前まで迫ってきたとしても,すぐ近くに堅固で十分な高さのある建物があれば,そこに逃げ込むことができたのではと思います.頼りにできる津波避難ビルは多くありませんでした.特に平野部の海岸線の住宅地には指定された津波避難ビルはほとんどなく,民間の建物も低層のものが多く,すぐに逃げ込める建物が学校以外ほとんどありませんでした.震災後,津波避難ビルが少なかったのは,その指定条件が厳しすぎたからだとか,そのため費用が高くて公共建物でしか対応できなかったといった反省もあり,見直されています.また,住宅地ということで,高いビルが建てられず,平屋の老人ホームや2階建ての小学校も多くありました.

　繰り返しますが,津波への事前対策については,防潮堤や助成金の出る津波避難ビルなど,公的な対策に頼りすぎていたようです.我々は多様な建築技術を持っているにもかかわらず,利用されないのは残念です.公的な費用に頼る津波対策には限界がありますから,官民で合意して津波に負けないまちづくりを進めることが重要です.このまちづくりに含まれる建物のほとんどは民間建物です.そのため,民間

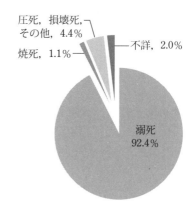

図3.1.3　東日本大震災における死因（岩手県・宮城県・福島県）（2011.4.11現在.警察庁資料より内閣府作成）

建物を所有する建て主が，津波減災の一翼を担っていくことが大切です．現状の技術を用いて本気で取り組めば，今までとそんなに変わらない資金で安全な国をつくることができると思います．

● 自助・共助・公助で津波減災を考える

　防災減災には「自助・共助・公助」と3段階での対応が必要であり，このうち，自助が7割，共助が2割，公助が1割という割合が適当だとされています．公助により指定される津波避難ビルだけでは必要数を満たすことはできません．それ以外の民間の住宅や建物ですが，これらは自助で頑張らなければなりません．津波の危険がある地域では，耐震に加えて，耐津波を考えて建物をつくる必要があります．津波を受けても壊れないだけでなく，十分な高さが必要です．

　東日本大震災が起きた年の暮れの12月に「津波防災地域づくりに関する法律」が制定されました．津波災害警戒区域および特別区域を定めて対処しようということで，民間の建築物も対象にされています．ところが，このような区域で津波減災対策がよいかたちで進んでいるとはいえないのが実状です．公的な津波避難ビルの充実が進んだとしても，その周りの民間建物の減災対策が進まなくては意味がありません．

● 300年，500年，1000年を考えなくてはならない

　建物や土木構造物は何十年かごとに更新されます．これらの一つずつの建物や構造物が存在する間に襲ってくる地震の大きさと確率を50年間に2%とか，50年に10%のように設定すると，それぞれ2475年再現期待値，475年再現期待値というように設定できますが，50年間に50%のようにすると，再現期間は73年となり，それほど大きな地震は考えなくてもよいことになります．そうすると300年に1度の大きな地震が来るとこれらの近視眼的な建物は壊滅してしまいます．一つひとつの建物や構造物をもう少し長く使うことにして，そ

の代わり300年，500年，1 000年に1度の地震にも耐えられるようにつくっていけば，将来くるかもしれない大きな地震を乗り越えられます．しかし大きな地震を受けずに持ち主の都合で取り壊されるものは，300年に1度の地震に耐えられるほど丈夫につくったのに，人間が壊すことになってしまいます．そうすると存続期間にこないかもしれない大きな地震に耐えるものをつくるのは無駄だという話になってしまいます．しかし，この無駄があってこそ，何百年に1度の地震も乗り越えられるのだということに気づいてほしいと思います．一方で，東京の大手町や日比谷の建物が地震も受けずに，経済の力で次々取り壊されていることも大問題です．建築や構造物は丈夫につくり長持ちさせる，これが最重要です．

　何年か前，台湾での地震で，工事中のクレーンが被害にあったことがありました．日本の会社が工事をしていましたので，事故の反省会に立ち会いましたが，被災についての工事者側の考えは，工事用クレーンは仮設機材とみなされ，稀に起こる大地震に耐えるような設計はされていないということでした．ところが，台湾の工事安全に関わる行政官から反論があって，一つの工事ではそうであっても，そのクレーンは工事が終わると次の現場に回り，ずっと使用されるわけです．運転者もそうで，ずっとクレーン工事に従事するわけです．だから，クレーンの安全性は建物と同じように考えて欲しいということでした．まさに，そのとおりです．建物もそうで，万国博覧会のパビリオンなどは，その期間中だけの施設で，博覧会が終わると取り壊されて，公園になったりするわけです．こうした建物だったら，300年，500年に1回の地震は考慮しなくても構わないといえます．

　日本の建築では大地震は500年に1度の頻度と考えていますが，アメリカでは2 475年に1度ですから，50年に2％の確率です．東日本大震災も1 000年，南海トラフ巨大地震も1 000年を超えるようなスケールで考えられています．そろそろ，1 000年，2 000年といったロングスパンを考えるべきだと考えています．

●「まず命が助かる」次に「暮らしを守る」です

　東日本大震災後，津波については，レベル1には防潮堤などで耐え，レベル2には津波がまちに襲うことを諦め，せめて人々が無事に逃げられればよいとし，財産は失っても仕方がないという考え方が出されています．これは一つの減災といえますが，我々の最終目標ではありません（**表 2.7.1** 参照）．

　実は，建築構造物の耐震設計の仕組みは，以前からこうした減災の考えで構成され，建築基準法に従ってつくられる建築物は，数十年に1度必ず襲うような地震動には，機能維持，財産価値保全，人命保護の三つの要求を満たそうとしますが，数百年に1度襲う大地震では，構造物への損傷を許容し，人命を守ればよいとし，機能はもちろん失い，取り壊しも覚悟しています．問題はこの取り壊し費用の捻出にあります，地震後，家を失い路頭に迷っている人に，十分な保険金もない場合，取り壊し費用を出せとはいえません．そして税金の使い方が社会問題になります．

　このことが2010年秋に1度地震を受け，2011年2月に2度目の地震を受けたニュージーランドのクライストチャーチで起こっています．この地震で倒壊した建物は，富山県の語学留学生が多く亡くなられたビルともう一つのビルの2棟でした．そのほかの多くの建物は，損傷は受けたものの倒壊には至らず，減災が成り立ったといえます．ただ，この地震から3年半が過ぎ，町の中心部の損傷を受けた建物は次々に取り壊されて，更地になってしまって，その後の復旧はいまだされていません（**写真 3.1.1**）．2 400棟のうち取り壊された建物は1 700棟といわれていますから正常とはいえません．

　これをもって，減災がこれからの方策とは思えません．津波のおそれのあるまちのこれからの対策も同様です．両者とも，人々の命を助けても，残ったまちには暮らせない．100年に1度，このようなことを繰り返す方法は，我々専門家だけでなく一般の人にとっても，望む方法ではありません．これをもって，レジリエンスな社会とはいえな

3.1 民間の建物や各種の道も複合的な津波減災に加わる

地震前

復興後

写真3.1.1 ニュージーランド・クライストチャーチ
地震前と復興後の比較

いと思います．

　最近，このレジリエンス（Resilience）とか，その形容詞のレジリエント（Resilient）という言葉がよく使われます．回復力とか回復力のあるという意味です．レジリエンスは元々心理学用語で精神的回復力，抵抗力，耐久力といった意味で使われます．これが，防災の分野で，例えば，「レジリエントなまちづくり」といった風に使われる場合は，

災害リスクを完全にゼロにするのではなく，被害を最小化し，すぐに回復していけることを意味します．「減災」という概念には，人命が失われるという最悪の事態だけは何としても避けようということと，その後の被害を最小化しようということが含まれています．それに加えて，「暮らしを守り，取り戻そう」ということがレジリエンスといえます．わかりやすくいえば「食べていけるまちに回復する」ということです．東日本大震災の復興はまだまだこれからですが，この観点に基づく復興が大切です．

● 津波減災には民間建物の耐浪化こそ必要

東日本大震災では，津波避難ビルは一定の役割を果たし，多くの人々を救うことができました．ただし，その数は大変少なく，周りの建物はほとんど流失するといった事態となりました．残った建物がポツンポツンといった状況では，そのまちを捨てるか，総かさ上げするかといった選択しか思い浮かばないのでしょう．まちのすべての建物を津波に壊れず，上層部に逃げれば助かり，津波のあと片付ければ住み続けられるようにつくれなかったのでしょうか？

防潮堤だけで津波を防ぐことはつくづく無理だとわかっていた田老町では，津波が越流してくる防潮堤の真下の漁業組合は鉄筋コンクリート造でつくってあったため，流失せずに済みました．その後，その位置で復旧し，営業を再開しています．そんなに大きな建物ではありません．もし，田老町の町全体が防潮堤プラス建物対策もされていたら，どうだったでしょうか？　窓が壊され内部は水浸しになったとしても，半数以上の家々が流されずに残っていたら，相当よかったと皆が思ったことでしょう．できれば，建物に十分な高さがあって，山に逃げなくても済めばさらによいはずです．

また，東日本大震災では，大量の瓦礫が残され，その後片付けが大変でした．その後の復興計画の数々には，海岸に公園をつくり，万一のときは，そこを瓦礫置き場にしてはどうかといったアイデアもみら

れました．気をつけるべきは，これは本末転倒した考えだということです．津波に投げ出された人々の多くはこうした瓦礫により致命的なことになったのです．そもそも，瓦礫を生み出すような家をつくってはいけないのです．

●異種の道をネットワークしよう

岩手県釜石市平田の尾崎白浜地区では，大津波により沿岸の道路が寸断され，孤立状態となりました．このとき，集落の山側にある林道作業道が「命の道」となり，住民の避難路，救助・復旧路として利用されました（**図 3.1.4**）．東北のほかの集落でも，多くの林業や農業の作業道が「命の道」となりました．

東日本大震災，東北沿岸部で人々を救った「命の道」は多種多様です．危惧される南海トラフ地震の避難路，豪雨災害の迂回路として，地図にない民間の道を活用しよう，公道と民道の異種の道をつなぎ，避難ルートを広げたいと慶應義塾大学の米田雅子特任教授が「異種の道ネットワーク」を提唱しています．

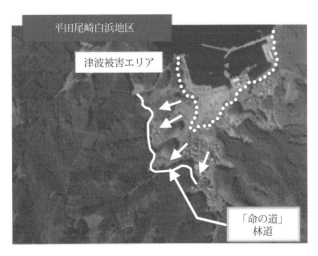

図3.1.4 「命の道」となった林道

道路といえば，国道・地方道の公道を思い浮かべます．ところが，地図に掲載されず市町村にも把握されていない道がたくさんあります．農業の道，林業の道，電力管理道，通信管理道などの民間の道，国有林林道などです．岐阜県高山市・下呂市・郡上市で，航空測量とGIS（地理情報システム）を使い，地図に載っていない道を洗い出し，さまざまな検討を進めています．

南海トラフ地震の避難路としても，異種の道ネットワークが期待できます．日本には海岸線に山が迫っている場所が多く，大津波が来る前に，山に逃げようとしても，どこに道があるかわからなければ逃げられません．高い場所に上れたとしても，その場所に物資が届くルートがなければ生き延びられません．どこにどんな道があるかの異種の道の地図があれば，住民は避難ルートを探せます．

ただし，民間の道を使うには管理上の課題があるため，地域住民の自助・共助を基本に，地域内の避難路が検討されています．

山中の道のネットワークは，平時には地域の保全や森林整備に役立つため，異種の道の今後が期待されます．

3.2　1000年に1度のような自然の猛威に対して，大きな災害を起こさないための4原則

1) Locations（ロケーション）— どこに住むべきか

国土計画，各種の産業をどこで行うか，人々はどこに住むか，鉄道や道路網の冗長化，大都市への集中問題，過疎化の問題，原子力発電所の立地，崖の下には建築を建てないなど，多くの問題があり，日本の活力を失わない範囲で，自然の猛威に負けないように日本の土地利用を考えねばなりません．

● 日本の海岸線は約3万km，地球の3/4周

日本の国土面積は約37万km^2，世界61位です．一方，6位のオー

3.2 1000年に1度のような自然の猛威に対して、大きな災害を起こさないための4原則

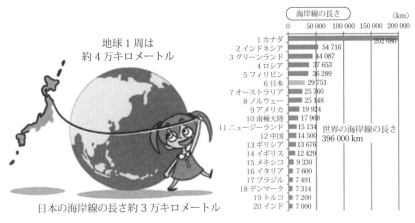

図3.2.1 日本の海岸線の長さは地球の3/4周（出典：(一財)国土技術研究センター資料）

ストラリアは日本の21倍もあります．どちらも，陸の国境線はありませんが，海岸線の長さを比べると，日本は世界6位で，7位のオーストラリアよりも長いのです（**図3.2.1**）．また，国土面積の73％が山地高台で，低地は11％の4万km²しかありません．単純に海岸線の長さで割ったら，その奥行きは1300mしかなく，一方は海岸で，もう一方は山裾だということです．

すべての海岸線に防潮堤を張り巡らし，それを数百年にわたって，メンテナンスしていくことに，大きな無理があるのは自明です．

● **日本の一級河川の水系総数は109，二級河川の水系総数は2714**

東日本大震災の津波は河川を遡り，大きな被害を与えました．仙台平野を流れる名取川は，仙台市内で広瀬川と合流しますが，津波は何とこの合流地点を超えて遡ってきました．北上川もそうで，大川小学校の悲劇はこの北上川沿いにあったということに起因しています．

日本の海岸線3万kmには大きな穴がいくつも開いていることを忘れてはいけません．単純に両岸2kmずつの防潮堤となると，河川部分だけで（109＋2714）×2km×2となり，合計1万kmを超え

ます．3万 km の海岸線と合わせると，地球の1周の4万 km とほぼ同じという，とんでもないことになってしまいます．

● **海岸線に住まうことの意味が問い直されている**

東日本大震災の教訓を踏まえ，同じ年の暮れ12月には「津波防災地域づくりに関する法律」が制定されました．都道府県ごとに，津波災害特別警戒区域，津波災害警戒区域などの区域を指定し，対策を立てていこうといった主旨の法律で，早い段階で制定されたといえます．ところが，その後，具体的な対策はあまり進んでいないというのが実状です．ここらで，海岸線に住まうことの意味を問い直しておく必要があるように思います．

津波避難に適した高台がすぐそばにある海岸線から，高台も何もなく平野が広い海岸線まで，その防災減災対策は一律同じになる必要はありません．高台移転できるところは，すればよいし，平野が広い場合は津波を受けても壊れず，建物の上層部は津波の高さを十分に超える住宅に住み替える方法があると思います．第一に命を守ることですが，第二に建物が流されないことが重要です．レジリエンスを主張するなら両者を守る必要があります．

2) Structures（ストラクチャー）— **地震や津波に負けない構造**

地震に壊れない土木や建築物，津波に負けない建築物を構築します．特に低層の木造建築を津波の来るところに建てることは止めるべきであり，このようなところには十分な高さの中高層住宅を建てるのが正しいと考えます．人々の命を守るために構造物は地震の揺れで壊れないことが必要ですが，極力，免震構造や制振構造を活用して続けて住めるように，財産価値を守り，できれば機能の維持も考えるべきです．防潮堤や防波堤，堤防などをつくるなら津波に負けないようにつくるべきです．ただ，これらの人工物が景観を損ねたり，自然を破壊したり，自然循環を遮ったりしないようにしなければなりません．レベル2の

3.2　1 000年に1度のような自然の猛威に対して，大きな災害を起こさないための4原則

津波が襲うと越えてしまう防潮堤にのみに頼って，陸地側の建物に無頓着では意味がありません．500年後，1 000年後に大津波が襲うと，無数の瓦礫ができてしまいます．

● **津波が来そうなところの建物は津波に流されない構造にする**

　東日本大震災では多くの家々が流されましたが，その後，そうした地域の多くは災害危険区域に指定され，国の費用で早々に取り壊され，更地に化しています．10 mを超えるような地域を除いて，6〜7 mの高さが予想された仙台平野から福島県にかけては，津波後の被害状況をよくみると，完全に流失した家々の間に壊れず残った家々も数多くあったことも事実です．柱や梁の構造体もろとも流失した場合とそうでない場合では，瓦礫の量も大きく変わってきます．流されないということが大切です．近くに逃げるための裏山がないところでは，建物そのものに十分な高さも必要です．

　南海トラフ地震などを想定した津波警戒区域の海岸線には，既存の低層の住宅地が広い範囲で広がっています．このようなところは津波に負けないまちに変っていかなければなりません．ただし，いきなり，高台移転や建替えというわけにはいかないでしょう．そうしたときに，東日本大震災の津波で流失した建物と流失しなかった建物の双方をもう少し詳しく見直して，比較調査し，解明しておけば，応急的な対処も考えつくかもしれません．地震の揺れに対して，既存の建物に対する耐震補強を進めてきたように，津波に対しても，とりあえずの工夫もできるかもしれません．ただ，この方法は大津波が襲って前に逃げる場所と十分な時間がある場合に限りますので，できれば，地区の低層住宅をまとめて高層住宅に建て替え，空いた土地を公園におきかえていく方法が最もよいと思います．

● **建物の高さは津波に対して水没するようなことではいけません**

　東日本大震災の大津波では，建物を超えるような津波に対して，い

第3章　津波減災対策が大切 ― 命を守ることと暮らしを守ること

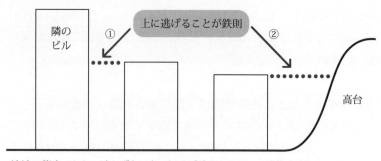

津波の襲来のとき，迷わず上に上に行けば助かるように，建物やまちをつくるべき
（いるところから降りて，そのあとに高いところに登る方法は人々を惑わしてしまう）

①低い建物の屋上から高い建物に橋を架けておく
②建物の屋上から裏山に橋を架けておく
③坂道や川があるとき，上に行けば必ず山に行く道が見つかるようにしておく

図3.2.2　津波警戒区域の建物やまちのつくり方

くつかの建物は流失せずに残ったことも事実です．だからといって，流されない丈夫な建物にすればよいということではありません．水没してしまっては，万一，建物に取り残されるようなことになったら，どうでしょうか？　津波に対しては，「まず避難する」ことが第一ですが，それとともに，建物の構造を考えるときには，その建物で命が助かるようにしないといけません．津波の浸水深が5mを超えるようなところに，鉄筋コンクリート造なら流されないからといって，2階建てでもよいということではないのです．

　この原則を忘れると，これから数百年にわたって，津波に対して安全なまちの暮らしを維持していくことなどできません．津波に負けない建物は高さが必要ですが，例えば，隣に十分な高さのビルが建っていたら，2階や屋根から隣のその建物に移動できる渡り橋を設けるなど，逃げることを考えた建築の建て方も考えられます（**図3.2.2**）．

3) Operations（オペレーション）
―ハードだけに頼ってはいけない，ソフトが大切

　地震の研究，津波の研究，災害情報の発信，避難訓練など，何かが起きたときの対処を考えます．例えば森ビルが発表した「逃げ出すまちから逃げ込めるまちへ」のように，各戸，建物，学校，企業，工場などの中にいる人々が逃げずに，10日ほどそのところに泊まり込めるように普段から準備する必要があります．我々の生活は電気やガス，上水道や下水道，車にはガソリン，人々には食料が必要ですし，医療も続けなければなりません．冷蔵庫の食材は夏に停電になったらすぐにでも腐りはじめます．日常の便利な生活が何に支えられて動いているかをよく振り返り，非常時への対処を考えておく必要があります．

● 一極集中から地方分散へ

　関東に住んでいる3 500万人は，毎日の飲み水，電気やガスや食べ物，東京湾岸の石油・発電プラントからのエネルギー，いろいろな生活用品が日本の各地や世界から送り込まれて生きています．東日本大震災のときの様子をみてもわかるように，大きな地震が起きたあともそのままこれらを続けることは難しいでしょう．だから大都市への集中を避けると同時に，過度に集中しているまちはもっと丈夫につくる必要があります．第一に地方をもっと元気にして日本全体として大きな災害に耐えられる国にしていかなければいけません．

● 特に考えるべきは「車」です

　東日本大震災では多くの車が流されました（**写真 3.2.1**）．今のような車社会はここ50年間ぐらいでのことですので，過去の津波被害の教訓にはなかったことです．車はこんなに長く浮いて，流されるものかと，初めて実感したわけです．車での避難が渋滞を招いて，逃げ切れなったということも起こりました．今まで，津波来襲時の車と建物，まちの関係，避難のことなど，全く考えてきませんでした．

写真 3.2.1 車の被害

　石巻市の門脇小学校は津波による大きな火災に巻き込まれましたが，車のバッテリーが塩水に浸かったことによる発火現象に起因したとも考えられています．建物だけ考えるのではなく，車もどうするかということを考えなければなりません．車を置いて避難する場合でも，せめて，流されないように建物に留めつけて逃げるといったことです．駐車場に車をイカリのように留めておく，ゴルフ練習場のように駐車場の周囲に丈夫なネット壁を設置しておくなどの方法がありえます．普段の生活が困らない範囲で，十分な対策を講じておくことが重要です．

● 普段からできる身近な津波対策

　写真 3.2.2 は津波後の火災の被害が大きかった石巻市門脇小学校の北側校舎の裏の状況です．この学校には裏山が迫っていて，よい避難場所であるにもかかわらず，崖がコンクリートの壁でつくられていたために登ることができず困っていたとき，小学校の教員の機転で，スティール製の下駄箱を二つ並べて臨時の階段をつくり，多くの人々が逃げたそうです．

　日本にはこのようなところが沢山あります．普段は使えなくてもよいので，裏山に登れる丈夫な階段をつくっておくべきと思います．フェ

写真 3.2.2　裏山側がコンクリートの擁壁となっていた小学校（撮影：益野英昌氏）

ンスには人力で壊せる鍵をかけておき，「津波の来襲のとき，鍵を壊して逃げてください」と書いておけば，日常に使う人はいないと思います．

4) Risk Transfer（リスクトランスファー）
── リスク転嫁の組み合わせを考える

　絶対に壊れない社会はできません．何かが起きたあと，立ち直るための策を考えておかねばなりません．企業は工場を全国に複数おき，生産が止まらないようにすることを考えるべきです．保険を利用して，リスクを他者と分け合うなどの方法も必要です．これを国家予算で行うことは，人々を甘やかすだけであり，防災力は高まりません．津波の瓦礫は国が多額の予算を使って片付け，傾いた建物は市や県が取り壊して片付けています．本来，これらは保険金などによって持ち主が行うべきものなのです．

　以上，わかりやすく四つに分けた対策は，早稲田大学客員教授を務めるチャールズ・スコウソン先生の米国での研究成果をお聞きし，日本でも全く同様のこととして，作成したものです．

● 地震保険から水害保険まで，保険による対策も検討が必要

東日本大震災の被害が大きかったため，地震保険の料率も見直されました（**図 3.2.3**）．津波による被害棟数があまりに多かったため，資金が枯渇してしまったのです．地震火災，噴火，津波による被害はひとたび起きてしまうと，大変巨額な保証となってしまうので，一般

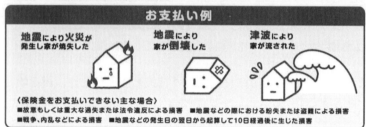

図 3.2.3 地震保険の仕組み

の火災保険の対象にはなっていません．そのため，地震保険制度が1964（昭和39）年の新潟地震の2年後の1966（昭和41）年に施行され，阪神・淡路大震災後は徐々に普及してきました．巨大災害については，損害保険会社だけでは支払い能力が不足することが考えられますので，地震再保険特別会計法という法律をつくり，官民一体となって，実現にこぎつけました．この地震保険の目的は，これにより住宅を再建するということではなく，被災後の生活を支えるということにあります．ですから，保険金の査定もごく簡単に早く済ませるといった仕組みになっています．巨大災害を国民全体で支え合うということで，なかなか優れた仕組みですが，まだまだ工夫の余地が残っているともいえます．

都道府県別に料率が異なり，さらに，建物の耐震性能により割引制度も組み合わされています．例えば，津波については，どの建物も同じ料率となっています．こうしたことが，付帯率の伸び悩みにつながっているのかもしれません．このように，制度一つとっても，工夫の余地は残っています．

第4章
津波に負けない住まいづくり

4.1 津波に負けない現代建築

　日本が世界で有数の地震国であることは誰でも知っています．東日本大震災で大きな被害をもたらした津波については学校で勉強します．日本が古くから大きな津波に遭遇し，被害を被ってきたことは小学生でも知っています．津波のことをよく知っているにもかかわらず，いつの時代も津波で多くの人が亡くなり，多くのものが流され，津波に対して連敗してきました．

　東日本大震災における津波被害の一例を**写真4.1.1**に示します．このように津波ですべてが流された状況はどうみても津波に負けていないとはいえません．東日本大震災ではこのような被害は数えきれないほどたくさんありました．

　日本はこれまで津波に勝ったことがありません．現在のように科学技術が発達しても，東日本大震災ではやはり津波に敗れました．なぜ，津波に勝てないのでしょうか．津波に勝つためにはどうしたらよいのでしょうか．腰を据えて考えてみる必要があります．

　このまま何もせずにまた津波が来たら，東日本大震災のように多くの方が亡くなり，多くの家が流され，流した涙がかわくまで長い時間我慢しなければなりません．そのような悲劇はもう二度と繰り返して

第4章　津波に負けない住まいづくり

写真 4.1.1　野田村（岩手県）の津波被害状況

はなりません．そのためには，日本に住むみんなが津波について考え，津波による被害のない国づくりをしていかなければなりません．自然界に住む我々が自然界に安住していくためには，自然界と闘い，津波に負けない方法を考えていかなければなりません．津波と闘うにはどうしたらよいのでしようか．そのヒントは東日本大震災にあります．

　津波と闘うといっても何も自然界に無理強いをしようというわけではありません．自然界に無理強いをすれば必ずしっぺ返しを受けるからです．重要なことは東日本大震災を教訓にして，自然界と調和，融合できる津波対策技術を用いて，津波減災を図っていかなければならないということです．すなわち，これからの津波対策は「わが国の発展した津波技術をいかに活用するか」にかかっていると言っても過言ではありません．

　写真 4.1.2 は東日本大震災での宮城県南三陸町の津波による被害です．写真 4.1.1 と同様に津波で町全体が持っていかれた様子がわかります．このような津波と闘っていくのには相当な覚悟がいることだけは断っておきます．

　本節のタイトルは「津波に負けない現代建築」ですが，津波に負け

写真 4.1.2 宮城県南三陸町の津波による被害
町全体が津波に持っていかれたことがわかります

ない建物といってもあまりはっきりしないので，少し定義しておきます．断っておきますが，津波に負けない建物という用語についてはまだ学術的な定義がありません．それゆえ，以下に示す定義はあくまでも筆者（田中）が決めたものです．「津波に負けない建物」とは次の3条件を満足するものとします．

① 津波で建物が流失しない．
② 津波で建物が破壊されない．
③ 津波後，洗浄・修復することで建物を再使用できる．

上記3条件のうちで最も重要なことは，津波で建物が流失しないことです．津波で流失したのでは，上記3条件のうちの②，③は意味をなさなくなります．また，誤解してもらっては困りますが，上記の3条件はあくまでも建物が再使用できるということであって，命の安全性を保障するものではありませんし，生活するためには水，電気，ガス，道路などのインフラ（社会的基礎の整備）が必要です．

写真 4.1.3 は東日本大震災の津波の被害調査をしていたときの1枚です．

第4章　津波に負けない住まいづくり

写真 4.1.3　津波と闘って 1 人で建っている鉄筋コンクリート造建物

写真 4.1.4　遠くに写真 4.1.3 の建物が見えます
周りはすべて津波に流されています

　この建物の周りには，何も残っていません．**写真 4.1.4** の遠くに写真 4.1.3 の建物が見えます．

　これらの写真は岩手県の小さな漁港の写真です．この建物は，鉄筋コンクリート造（RC 造）の 3 階建ての現代建築です．津波は屋上まで来ています．屋上まで来た大きな津波と闘いが終わって周りを見渡し

たら誰も残っておらず，侘しさを感じながら建っている姿は，戦いが終わって1人凛として立っている武士の姿をみるようです．

　現代建築は，このように津波と戦って立派に勝ち残ることができることをまず皆さんに知ってもらいたいと思います．これからは，このように津波と闘える現代建築を利用することで津波対策が十分できることを認識してもらいたいと思います．このことを後世に残せなかったら，東日本大震災の津波で亡くなった多くの方々に申し訳ないと考えています．

4.2　東日本大震災で実証されている

　日本の津波の歴史において，津波に対し連敗であったことは前述しました．連敗は当然の話で，津波に勝つための方策が少なかったということに尽きます．今回の東日本大震災において現代建築という津波と闘える方法を手に入れたと思います．これからは，現代建築という技術を用いて津波と充分闘っていけます．我々はようやく，「建築で津波と闘える新しい時代」を向かえたと考えています．**写真4.2.1** (a) 〜 (j) では津波の大きかった地域の海岸近くに建っていて，大きな津波を受けた後もしっかりと残存していた現代建築の建物を一覧しておきます．残存していた現代建築の建物がたくさんありすぎて全部は紹介できないのが残念です．

(a)　洋野町（岩手県）

(b)　田野畑村（岩手県）

第4章　津波に負けない住まいづくり

(c)　田野畑村（岩手県）　　　　(d)　宮古市（岩手県）

(e)　陸前高田市（岩手県）　　　(f)　気仙沼市（宮城県）

(g)　石巻市（宮城県）　　　　　(h)　女川町（宮城県）

(i)　岩沼市（宮城県）　　　　　(j)　亘理町（宮城県）

写真 4.2.1　東日本大震災の津波で流失せずに残留した現代建築の事例

このように，現代建築は津波に耐えられることが，東日本大震災という実際の津波で実証されましたので，今後津波減災対策の手段として，建築物を活用することができると考えています．

4.3 誤解してはいけない建物と命の関係

現代建築を活用することで，津波で流失しない，破壊しない，再使用できる建物を確保できることは前述したとおりです．しかし，誤解してはいけないことが一つだけあります．それは命との関係です．**図4.3.1**は，現代建築が津波を受けた状態を模式図的に示したものです．津波の大きさによって建物が受ける津波の高さが異なります．

図4.3.1の（a）は建物の途中（床上浸水など）まで津波を受けてい

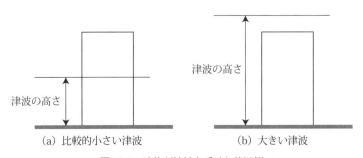

図4.3.1　建物が津波を受けた状況例

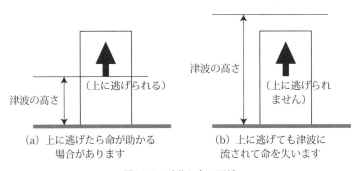

図4.3.2　建物と命の関係

る場合です．(b) は屋上を超えて津波を受けている場合です．(a), (b) とも津波後に洗浄し，改修すれば再使用可能となることが多いと思います．しかし，図 4.3.1 (a), (b) を人間の命との関係でみた場合，大きく異なることがわかります．(a) の場合は**図 4.3.2** (a) のように建物上部へ逃げれば命が助かる場合があります．しかし，(b) の場合は図 4.3.2 (b) のように屋上まで逃げても，津波が屋上を越えてきていますので，人は流されてしまい，命を失うことになります．

東日本大震災では当然のことながら，図 4.3.2 の (a), (b) の両者の被害がみられました．(a)の場合は幸いにも命が助かったのですが,(b) の場合のようなケースも多くみられました．現代建築を今後津波減災対策に用いていく場合，誤解してはいけないのは津波の力に対しては現代建築は大変有効ですが，人間の命との関係については津波の高さによってさまざまなケースが存在することを忘れてはなりません．

すなわち，今後現代建築を津波減災対策に活用していく場合には，人間の命との関係については十分に検討する必要があります．

4.4　建築は津波減災対策に使える

現代建築が津波に負けない能力を保有していることは前節でわかりました．前節では写真でその能力を示しましたが，津波減災対策に活用するとなるとある程度の論理的な理由を知っておく必要があります．そこで，以下に「なぜ建物が流失するのか？　なぜ建物が流失しないのか？」について，津波の力と建物の抵抗力を用いて，簡単に誰でも理解できるように説明しておきます．

● **なぜ建物が流失するのか？**

建物が流失するには流失するだけの理由が存在します．その理由は非常に簡単です．あまり簡単なので，怒らないでください．それは次のように表わされます．「建物の抵抗力が津波の作用力よりも弱かった

4.4 建築は津波減災対策に使える

ために流失した」すなわち，建物が流失する理由は（1）式のようになります．

$$建物の抵抗力 < 津波の力 \qquad (1)$$

（1）式で，津波の力 T，建物の抵抗力を B とすれば（1）式は（2）式のように表わされます．

$$B < T \qquad (2)$$

上述の表現ではわかりにくいと困るので**図 4.4.1** に図で示しておきます．図 4.4.1（a）は海から津波が来た時の状況を示したものです．津波が図 4.4.1（b）のように建物にぶつかると津波は建物を押し倒そうとします．これが津波の力です．津波が建物に当たると図 4.3.1（c）

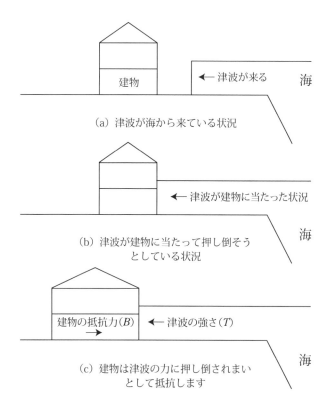

（a）津波が海から来ている状況

（b）津波が建物に当たって押し倒そうとしている状況

（c）建物は津波の力に押し倒されまいとして抵抗します

第4章　津波に負けない住まいづくり

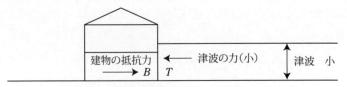

(d) 津波が小さいときは建物の抵抗力（B）が津波の力（T）よりも大きいので建物は流失しません（$B>T$ですから建物は流失しません）

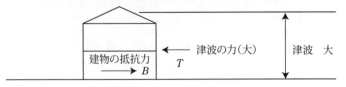

(e) 津波が大きくなってくると津波の力も大きくなってきます

(f) 津波の力（T）が建物の抵抗力（B）よりも大きくなると建物は流失します（$B<T$となり建物は流失します）

図4.4.1　建物が津波によって流失する原理

のように建物は津波に押し流されまいとして抵抗します．これが建物の抵抗力です．津波の力が小さいうちは，津波の力よりも建物の抵抗力のほうが大きいので図4.4.1（d）のように建物は現状のままで流失せずに存在しています．

しかし，津波が次第に大きくなって来ると津波の力も大きくなり，図4.4.1（e）のように津波の力が建物の抵抗力よりも大きくなります．そうすると，図4.4.1（f）のように建物が流されてしまいます．以上が津波で建物が流される原理です．このように，建物が津波で流失する原理は，「建物の抵抗力よりも津波の力のほうが大きくなると建物は必ず流失する」と非常に簡単です．

● なぜ建物は流失しないのか？

なぜ建物が流失するのか，その理由は「建物の抵抗力が津波の力よりも弱かったためである」ということは前述したとおりです．それでは「なぜ，建物が流失しなかったのか」その理由は次のようなことであることがすぐわかるはずです．すなわち，建物が流失しなかった理由は，**図 4.4.2** のように「建物の抵抗力が津波の力よりも強かったために残った」ということになり，(3) 式のように表わされます．

$$\text{建物の抵抗力} > \text{津波の力} \tag{3}$$

(3) 式で，津波の力を T，建物の抵抗力を B とすれば，(3) 式は (4) 式のように表わされます．

$$B > T \tag{4}$$

理由はこれでよいのですが，この理由をもう少し深く考えてみることにしましょう．津波の作用力は，昭和三陸大津波（1933年）の時代と東日本大震災（2011年）のときでほとんど差はありません．ということは，建物が流失しなかった理由は，建物の抵抗力が昭和三陸大津波の時代の建物の抵抗力よりも東日本大震災の現代建築の抵抗力が大きくなっているためです．昭和三陸大津波の時代の建物の多くは木造でつくられていました．それに引きかえ，東日本大震災で流失しなかった建物の多くは鉄筋コンクリート造の現代建築です（**図 4.4.3**）．この建物の差，すなわち木造の建物と鉄筋コンクリート造の建物の強

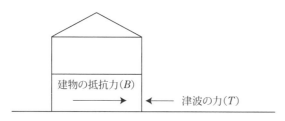

図4.4.2 建物が津波で流されなかった理由
（建物の抵抗力が津波の力より大きいと建物は流されません）

第4章 津波に負けない住まいづくり

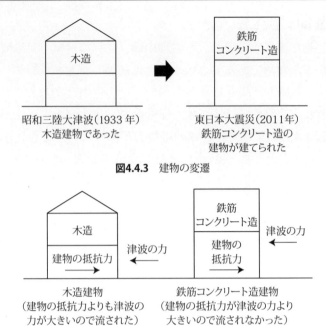

図4.4.3　建物の変遷

図4.4.4　鉄筋コンクリート造建物が津波に流されない理由

度の差が，建物が流失しなかった大きな理由です．そのことを簡単に図 4.4.4 に示しておきます．

それでは，昭和三陸大津波の時代に鉄筋コンクリート造の建物がなかったのかというと東京などの大都市にはありました．しかし，津波が起こった三陸地方ではまだ鉄筋コンクリート造の建物が行き渡っていなかったということです．

時代とともに鉄筋コンクリート造の建物が全国に建てられるようになり，東日本大震災において多くの鉄筋コンクリート造の建物が津波に負けないで，勝ち残ったのです．

ここで，一つだけ注意しておきます．上記の説明を読むとあたかも木造建物が鉄筋コンクリート建物よりも弱いのではないかと考えるのではないかと思います．それは誤った考え方であることを注意しておきます．すなわち，現代の建築技術をもってすれば木造建物と鉄筋コ

ンクリート建物の強さを同一にすることは容易にできます．それではなぜ，東日本大震災で木造建物が多く流失し，鉄筋コンクリート建物が多く流失しなかったかということになりますが，それは次のような理由によります．

　日本ではすべての建物が建築基準法に従ってつくられています．建築基準法の中には地震力（津波の力と同様水平力です）の大きさが規定されています．この地震力の大きさは建物の重量と密接な関係にあります．同一規模の建物であれば，通常木造建物の重量は鉄筋コンクリート建物のそれよりも相当に小さくなります．それゆえ，設計用の地震力は木造建物のほうが鉄筋コンクリートの地震力よりも小さくなります．現在，建築基準法の中には津波の力に対する設計法が規定されていませんので，設計用の地震力が津波の力を肩代わりしたようなことになっています．

　以上のことを簡単にいうと「津波の力は建物の重量に関係なく作用します．それゆえ，同一規模の建物であれば，木造建物も鉄筋コンクリート建物でも同一の津波の力が作用します．建築基準法で設計された現存する木造建物の地震抵抗力は鉄筋コンクリートのそれに比べて相当に小さいので，同一の大きさの津波の力が作用すると，抵抗力の小さい木造建物が津波に負けて流失します．これが，東日本大震災で木造建物が多く流失した原因です．」

● **高さ 15 m の津波を受けても流失しなかった建物の事例**

　ここで示す事例は写真 4.1.2 に示した宮城県南三陸町の海岸に建つ4階建ての集合住宅です．**写真 4.4.1** は津波を受ける前の状況です．海側から撮ったものです．海岸線には 3 m 程度の防潮堤があります．防潮堤は津波ですべて破壊されました．

　津波後の状況を**写真 4.4.2** に示します．写真は陸側から撮ったものです．写真 4.4.2 に示すように，津波は屋上まで達しています．この建物には 40 人以上の人たちが屋上へ逃げたそうです．全員無事だっ

第4章 津波に負けない住まいづくり

たと報告されています．写真 4.4.1 と比べてみると建物周辺のものがほとんど津波で流失していることがわかります．

　この建物は鉄筋コンクリート造です．この建物の特徴を以下に示しておきます．

　① この建物のつくり方は，壁式構造という日本ではごく一般的なつくり方です．すなわち，建築基準法に従ってつくられたものです．

写真 4.4.1　高さ 15 m の津波を受けても流失しなかった建物の具体事例（提供：(株) 桂設計）

写真 4.4.2　津波後の状況．屋上まで津波を受けています

② 基礎には直径 35 cm のコンクリートの杭が地下 22 m まで打ち込まれています．これは海岸で地盤が悪いための一般的な処置で，特に基礎が強くつくられているわけではありません．

この建物は上述したように，現在の日本ではごく普通の建物です．このことから推測すると，現在の日本の建築技術を用いてごく普通に建てた建物は，十分津波に抵抗できるのではないかということになります．

それでは，なぜ，東日本大震災のようにたくさんの建物が流失してしまったのでしょうか（写真 4.1.1，4.1.2 参照），皆で十分考えてみる必要があります．

ちなみに，**図 4.4.5** に本建物の構造設計図を示しておきます．この図面をみて内容を理解して欲しいわけではなく，この建物が日本ではごく一般的な建物であることを知っていただければ結構です．図面は，建物の右半分しか書いていませんが，それは左半分は右と同様なので省略してあります．

● 再使用の事例

津波被害の写真を見ると津波によって流失してしまったところだけ

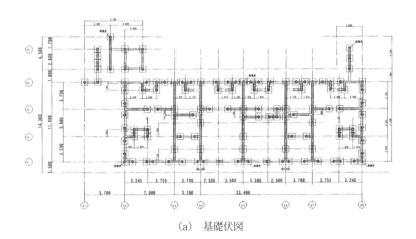

(a) 基礎伏図

第 4 章 津波に負けない住まいづくり

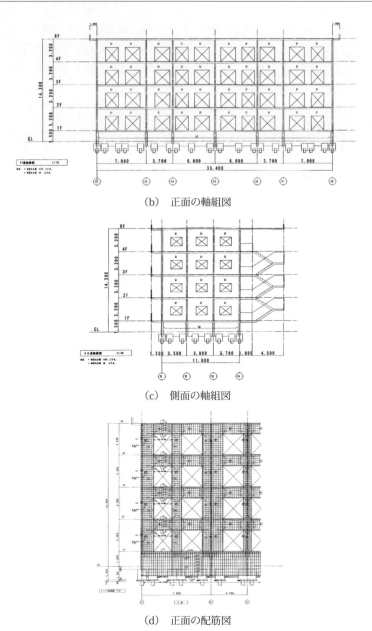

(b) 正面の軸組図

(c) 側面の軸組図

(d) 正面の配筋図

図 4.4.5 高さ 15 m の津波を受けても流失しなかった建物の構造配筋図
（提供：（株）桂設計　仙台市）

に目がいってしまい津波を受けると建物はもう使えないのではないかと考えている人も多いのではないかと思います．しかし，津波被害をよく見ると，津波の高さによって被害の程度が種々異なることがわかります．

　津波被害の程度によって津波後，建物を洗浄し，内装を改修してそのまま再使用しているものもたくさんあります．以下には，津波被害を受けて，津波後再使用している建物の事例を示しておきます．津波で流失しないで残留さえしていれば津波後，洗浄・改修して再使用することができます．流失してしまったのでは再使用できません．

　この再使用できるかどうかは，津波後の復興の早さ，経済的負担の軽減などと大きく関係してきます．そういう意味でも流失はできるだけ避けるようにしなければなりません．

◆ 住宅

　写真 4.4.3 は仙台市荒浜地区で高さ 1 m の津波を受けた住宅群の再使用例です．改修して，現在ではごく普通に生活を送っています．

　写真 4.4.4 は岩手県宮古市内の住宅で高さ 1.2 m の津波を受けた住宅です．床上まで津波を受けています．内装を改修中です．改修後，現在は普通に生活しています．

◆ 集合住宅

　写真 4.4.5 の (a) は，宮城県石巻市内の集合住宅で高さ 3 m の津波を受けました．(b) は宮城県女川町の集合住宅です．高さ 1 m の津波を受けました．両者とも津波後，改修して再使用しています．

◆ 商店街

　写真 4.4.6 (a) は，宮城県松島町の海岸付近の商店街です．高さ 2 m の津波を受けました．目の前が松島湾であり，五大堂が見えます．（写真 4.4.6 (b)）商店街では津波後，洗浄・改修して，現在は通常どおり営業しています．

　写真 4.4.7 は，宮城県石巻市の商店街です．高さ 5 m の津波を受けました．この商店街も洗浄・改修して営業しています．

第 4 章　津波に負けない住まいづくり

写真 4.4.3　仙台市荒浜地区での再使用住宅群の例
高さ 1 m の津波を受けました

写真 4.4.4　岩手県宮古市内での再使用住宅の例
高さ 1.2 m の津波を受けました

写真 4.4.5 (a)　宮城県石巻市内の集合住宅
高さ 3 m の津波を受けました．改修して再使用しています

4.4 建築は津波減災対策に使える

写真 4.4.5（b） 宮城県女川町の集合住宅
高さ1mの津波を受けました．改修して再使用しています

写真 4.4.6（a） 2mの高さの津波を受けた松島商店街
改修後通常どおり営業しています

写真 4.4.6（b） 商店街の目の前が松島湾です
五大堂が見えます

第 4 章 津波に負けない住まいづくり

写真 4.4.7 宮城県石巻市の商店街
高さ 5 m の津波を受けました．改修して再利用しています

写真 4.4.8 岩手県宮古市の商店街
高さ 1.3 m の津波を受けました．改修して再利用しています

写真 4.4.9 宮城県亘理町の海岸から 200 m のところに建つホテル
2 階まで津波を受けました．改修して再利用しています

写真4.4.8は，岩手県宮古市の商店街です．高さ1.3 mの津波を受けました．津波後，改修して現在は以前と同様に営業しています．

◆ ホテル

写真4.4.9は，宮城県亘理町の海岸から200 mのところに建つホテルです．2階まで津波を受けています．津波後，改修し現在は以前と同様に営業しています．

● **鉛直避難を考える時代**

津波に対して人命を守る最良の方法は逃げることです．この逃げることは古くから行われてきた方法ですが，これからも逃げることは重要な方法として行うべきです．津波に対して逃げる方法は非常に簡単で津波が来ない高さまで逃げればよいのです．逃げ方は次の2つが存在します（**図4.4.6**）．

① 水平避難方法
② 鉛直避難方法

水平避難方法とは，道路を用いて高台へ逃げることをいいます．水平避難は津波に遭遇する場所にもよりますが，比較的長い距離を移動しなければならないことが多くなります．そのため，道路の整備，歩行にするか自動車を使用してもよいのかなどの議論が欠かせません．

鉛直避難とは高い建物の上に逃げることをいいます．現在でも避難ビルなどの考え方で活用されているので決して新しい方法ではありま

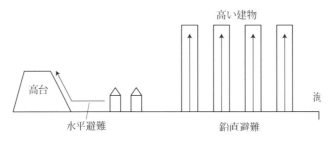

図4.4.6 水平避難と鉛直避難の概念図

せん．高い建物はどこにでも建設可能ですから逃げる距離も水平避難よりも短くて済みます．避難距離が長いか，短いかは津波のときに避難するか，しないかに大きく関係してきます．幾ら人命がかかっているからといっても津波の避難勧告がしょっちゅう出ると誰でも津波だと言われても逃げることが「億劫」になります．これは，人間の一つの欠点であろうと思いますが，事実でもあります．このことは，いろいろなアンケート調査においても実証されています．津波のときに相当な比率の人たちが逃げなかったという結果も出ています．これは，逃げたくないのではなくて避難距離が長いとついつい「億劫」になるからにほかなりません．例えば，寒い冬の夜の避難とか，高齢者などの人手がかかる避難など，避難が「億劫」になる場合が多いといわれています．

　このようなことを考えると従来の水平避難から，これからは鉛直避難にも考慮した避難方法へ変換していくべきだと考えます．極端な話をすれば，津波が来る地域ほど高層住宅を建てて住むのが，理にかなっています．

　前述したように，現代建築では津波で流失しないように，また，破壊しないように建物をつくることは比較的容易です．また，高層化することもさほど難しいことではありません．このようなことを考えた場合，今後の津波避難は鉛直避難を多用するような考え方に転換していくべきだと思います．この鉛直避難への転換こそが東日本大震災の最大の教訓ではないかと考えています．今後皆で鉛直避難について十分考えてみる必要があるのではないでしょうか．

4.5　古い津波被害と東日本大震災の津波被害の比較

　岩手県田老町における昭和三陸大津波（1933年）の被害状況を**写真 4.5.1** に示します．同様に田老町の東日本大震災での津波被害状況を**写真 4.5.2** に示します．

4.5 古い津波被害と東日本大震災の津波被害の比較

　写真 4.5.1 および写真 4.5.2 はいずれも岩手県田老町での津波の被害状況です．写真 4.5.1 は写真 4.5.2 とほぼ同じ場所から同じ方向を撮ったものです．

　写真 4.5.1 と写真 4.5.2 を比べてみると両者には大きな違いがあることがわかります．それは，昭和三陸大津波では津波でほとんどすべて

写真 4.5.1　昭和三陸大津波ではすべての建物が流失しています（1933 年）

写真 4.5.2　東日本大震災では津波後でも多くの建物が残存しています（2011 年）

103

の建物が流失しているのに対して，東日本大震災では多くの建物が流失せずに残存している，ということです．

　すなわち，昭和三陸大津波の時代には建物の抵抗力が弱く津波に抵抗できませんでしたが，東日本大震災では建築技術の進歩により建物の抵抗力が大きくなり，津波に抵抗していることがわかります．これまで，日本人の多くは津波の力はもの凄く大きくて津波に抵抗できるような建物はつくれないのではないかという根拠のない恐怖感が先走っていたように思います．しかし，写真4.5.2からわかるように現在の建築技術をもってすれば充分に津波に負けない建物をつくることができることがわかります．

　つまり，むやみに津波をおそれる必要がない時代が到来しつつあるということです．これからは建築を用いて津波と堂々と渡り合っていける時代がやってきたことを，東日本大震災が証明してくれたのではないか，と考えています．そういう意味では東日本大震災での津波は，わが国の津波史上においては画期的な出来事であったと思います．ただ，この津波により2万人近い方々が犠牲になったということは，残念でなりません．

4.6　日本の建築技術の進歩と津波減災対策

　前節で示した写真4.5.1と写真4.5.2の比較からわかったように，津波によって建物が流失しなくなった大きな理由は，日本の建築技術の進歩にあります．そこでここでは，日本の建築技術が時代とともにどのように進歩，向上してきたのかを示しておきます．いずれにしても，1933年の昭和三陸大津波では大半の建物が津波で流失しましたが，2011年の東日本大震災では多くの建物が津波で流失せずに残っていたという事実は，日本の建築技術を今後津波減災対策に活用できることを示していると考えてよいと思います．

　写真4.6.1および**写真4.6.2**はいずれも東京駅の近隣写真です．写真

4.6 日本の建築技術の進歩と津波減災対策

4.6.1 は正面からのものです．建物の後ろに高層ビルが見えます．写真 4.6.2 は駅の左側を撮ったものです．こちらにも高層ビルがたくさんあることがわかります．

　東京駅は 1914 年に建設されたもので，2014 年に 100 周年を迎えました．東京駅はレンガ造です．東京駅を取り巻く高層ビル群の大半は鉄でつくられている鉄骨造です．写真 4.6.1 と写真 4.6.2 から 100 年の間に日本の建築技術がいかに進歩したかがわかります．写真から

写真 4.6.1　東京駅（正面），高層ビルが見えます

写真 4.6.2　東京駅（右端），周りに高層ビルがたくさんあります

は単に建物の形の違いしかわかりませんが，この形の違いの中にたくさんの建築技術の進歩が詰まっています．

　皆さんは電化製品，パソコン，車など日常生活と密接に関係するものについては進歩の度合をよく知っているのではないかと思いますが，建物の技術の進歩については毎日そこで生活している割には知らない方も多いのではないでしょうか．そこで日本の建築技術の進歩について簡単に以下に示しておきます．

　① 材料の進歩
　② 加工技術の進歩
　③ 接合技術の進歩
　④ 施工技術の進歩
　⑤ 設計技術の進歩
　⑥ 構造解析技術の進歩
　⑦ 地震動の解明，分析技術の進歩

そのほかにも多くの技術の進歩が建築技術の進歩に関わっています．

　日本の建築技術は前回の東京オリンピック（1964年）の前後で急速に進化したと思っています．東京オリンピックの前年には東海道新幹線ができ，代々木のオリンピック施設も新しい技術を導入してたくさんつくられました．**写真4.6.3**の中央部の建物は1968年につくられた超高層ビル（当時はそう呼ばれました）の霞が関ビル（地上36階，地下3階，高さ147m）です．

　現在では霞が関ビルを凌駕する高層ビルがたくさんつくられています．一例として新宿の高層ビル群を**写真4.6.4**に示しました．

　これらの技術の進歩を総括してわが国の建築レベルを向上させているのが建築基準法です．日本の建築物はすべて建築基準法に従って建てられています．現在の建築基準法は1950年に制定されたものです．建築基準法の中には地震に対する設計方法について詳しく規定されています．地震の設計法が1981年に大きく改訂になりました．この改訂によって日本の建築物の地震に対する強さが約1.5〜2.0倍程度に

なりました．そのため，東日本大震災での地震動による建物の被害は非常に少なくて済みました．これは，日本の建築行政の貢献が大きかったと思います．建築基準法の改訂も素晴らしかったのですが，その改訂についていける日本の建築技術も素晴らしいと思います．

このような素晴らしい日本の建築技術があるのに，なぜ東日本大震災のような津波被害が発生したのでしょうか，その理由は次のようなことだと考えています．

写真 4.6.3　霞が関ビル（1968年建設）

写真 4.6.4　新宿の高層ビル群

① 建築基準法の中で津波に対する規定がほとんどないこと
② 国民の津波に対する減災意識が比較的低いこと

日本の建築技術は十分津波減災対策に活用できるレベルに達していると思いますが，これからの課題としてはその技術を利用する国民の意識が大きいのではないかと考えています．

「さざれ石」余談

霞が関ビル（写真 4.6.3）の奥隣りに文部科学省の建物があります．文部科学省の1階の中庭に「国歌」の中に出てくる「さざれ石」が置かれています．

「さざれ石」を見たことのある人は意外と少ないのではないでしょうか．一度見てみてはいかがでしょう．余談で恐縮ですが，写真を掲載しておきます．「さざれ石」の解説は標識に書かれていますので，ここでは省略します．

4.7 ピロティ効果という東日本大震災での発見

見付け面積の小さいピロティ構造（**注1**参照）は津波に有利です．このピロティの有利性を木造住宅に応用した事例が岩手県，宮城県でみられましたので**写真 4.7.1 〜 4.7.3** に示しておきます．いずれのピロティ式住宅，ピロティ式マンションでも津波の翌日から日常生活が送

4.7 ピロティ効果という東日本大震災での発見

れたと言っており、ピロティの有効性が認められました。

ちなみに、ピロティ構造というのは**図 4.7.1**に示すように柱と梁だけからつくられている構造をいいます。柱と梁しかないので、津波は**図 4.7.2**のように建物の中を自由に行き来できます。それゆえ、津波の力を受けにくく,津波に強い建物をつくるのに適しています。図 4.7.1 は 1 階のみがピロティ構造の例ですが、2 階、3 階と多層階をピロティ構造にすることも可能です。

写真 4.7.1 宮城県気仙沼市大谷海岸近くの 1 階ピロティ構造住宅(無被害)

写真 4.7.2 宮城県塩釜市内の 1 階ピロティ構造住宅(無被害)

第4章　津波に負けない住まいづくり

写真 4.7.3　1階がピロティ構造のマンション
津波を受けましたが翌日から日常生活ができました

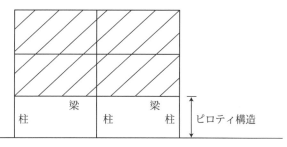

図 4.7.1　ピロティ構造（柱と梁だけからつくられている）の簡略図

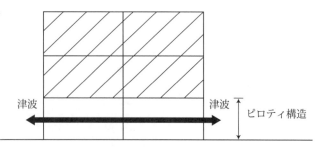

図 4.7.2　ピロティ構造では津波が自由に行き来できるので
津波に強い建物をつくれます

4.7 ピロティ効果という東日本大震災での発見

写真 4.7.4 ピロティ状の水門を通過する津波
ピロティの有効性が実証されています（提供：岩手県宮古市）

写真 4.7.4 は岩手県宮古市の職員が津波の襲来を撮ったものですが，たまたまその写真の中にピロティ状になった水門を津波が通過する様子が写されています．津波はピロティ状のところを何ら抵抗なく通過している様子が見て取れます．すなわち，ピロティ化することが津波の外力を減少させる有効な手段であることがわかります．

ピロティ構造が具体的に津波減災に対してどの程度有効なものなのかを以下に示しておきます．

図 4.7.3 は東日本大震災時の宮城県における特定の平野部における津波の浸水分布の例です．浸水深 3m 以下，5m 以下および 5m 以上の 3 段階に分けて示してあります．

浸水深 3m 以下の部分では 1 階を 3.5m のピロティ構造にすることで，居住空間は津波を受けることがなく，津波の翌日から通常の生活が可能です．図 4.7.3 から浸水深 3m 以下の地域は津波を受けた地域の 1/3 程度ですから，ピロティ構造を用いることによって居住空間を津波から全体の 1/3 程度救うことができます．

また，津波が 5m 以下の地域でも 1 階を 3.5m のピロティ構造にすることによって，居住部分が 1.5m 程度の津波を受けることになりま

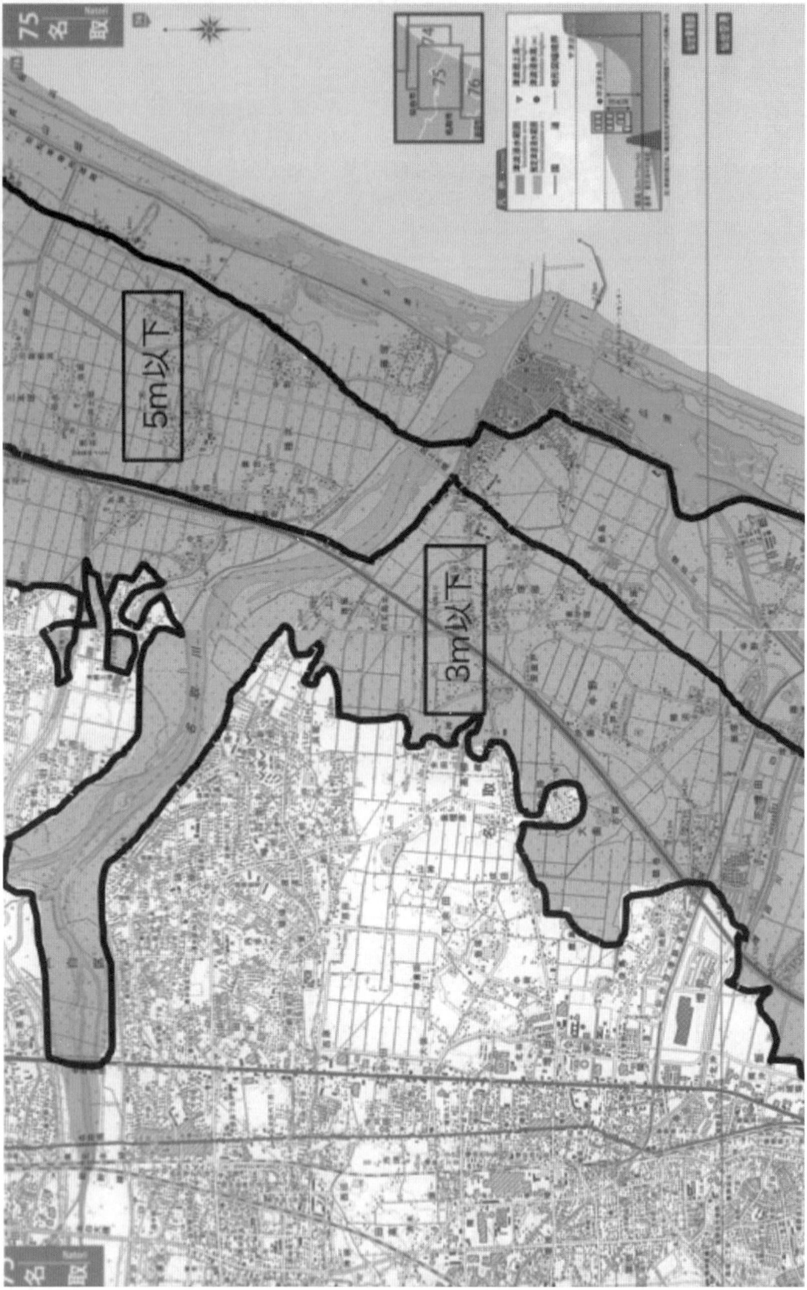

第 4 章 津波に負けない住まいづくり

図 4.7.3 宮城県の特定の平野部における浸水深分布

4.7 ピロティ効果という東日本大震災での発見

すが,この程度の浸水深であれば,津波後洗浄して再使用できます(4.4節の「再使用の事例」を参照).以上のことから,この地域の場合には1階を3.5 mのピロティ構造にすることによって,津波を受けた2/3程度の地域の建物を再使用できるようにすることができます.このように単に,1階をピロティ構造にするだけで再使用できる建物を激増させることができます.すなわち,津波減災対策としてピロティ構造が有効であることがわかります.

(注1)

ピロティはフランス語.梁と柱だけでつくられていて壁のない構造をいいます.壁がないので津波が建物の中を自由に流れるため,津波の作用する力が小さくなります.

見付け面積とは力が作用する面積のことです.すなわち,ここでは津波の力が作用する面積のことです.津波の力は下図 (a) に示すように,津波の流れる方向に作用します.見付け面積とは (b) に示すように津波が直接当たる面積のことです.

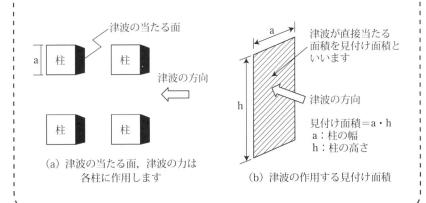

(a) 津波の当たる面,津波の力は各柱に作用します
(b) 津波の作用する見付け面積

4.8 建物に助けられた喜びの事例

東日本大震災では建物に起因した悲しい出来事もありましたが，建物に助けられた事例も多くありました．もし，今後津波に対する建築技術がより進歩してゆけば，建物によって助けられる事例は増えていくものと思います．すなわち，将来的には建物を活用することで津波による悲劇を激減させることができると考えています．

なお，ここでは，あるコンクリート系プレハブ住宅メーカーが作成した「災害レポート・東日本大震災特集」の中から，事例をいくつか紹介します．図4.8.1は特に被害の大きかった仙台平野近辺で，そのメーカーが手掛けた2階建て住戸が津波に遭遇した場所を示しています．

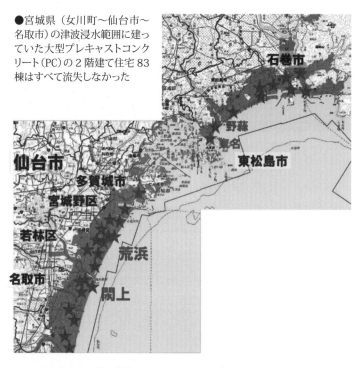

●宮城県（女川町～仙台市～名取市）の津波浸水範囲に建っていた大型プレキャストコンクリート（PC）の2階建て住宅83棟はすべて流失しなかった

図4.8.1 東日本大震災津波浸水範囲における流失を免れたPC2階建住戸分布図

これら以外にも，堅固で重い住宅は，津波高 5 m を超えたところでも，開口部はすべて破壊され，中のものは流されることになりましたが，概ね，構造体はしっかりと残っていました．瓦礫になって流失することだけは，避けられることがわかったのです．

1) 建物で命が助かった二つの事例
● 屋根の上に逃げたおかげで，九死に一生を得ることができました（宮城県石巻市事例）

　海に面して市街地が広がる，宮城県石巻市．地震直後は身動きのとれない交通渋滞が発生し，津波被害を拡大．東日本大震災でもっとも多い3 700 人以上の犠牲者を出しました．

　地震発生時，Tさんは知り合いの方から頼まれごとがあり，和室で応対していたそうです．そのときに大きな揺れが襲いましたが，揺れが収まった後，なんとか話し合いを終え，知り合いの方が帰った直後，津波の到来に気づきました．Tさんは奥さんと 2 人でなんとか屋根の上へよじ上りましたが，あっという間に津波が押し寄せ，屋根の上に立ちすくんでいました．膝の高さまで波が到達し，どうにか自身の身体を持ち堪えていたのですが，その目の前を，多くの人や物が流されていったそうです．「大切な話の途中だったので，逃げ遅れてしまったが，とにかく流されなかったのがよかった」ということでした．

　避難所暮らしを続けていましたが，災害危険区域には指定されませんでしたので，津波から 2 年経って，やはり住み慣れたこのまちに戻りたいということで，リフォームしようということになりました．**写真 4.8.1** は，リフォーム中のものです．

写真 4.8.1　津波から 2 年後（石巻市）

● 2 階の天井に空気だまりができたお蔭で助かりました
（宮城県女川町事例）

　宮城県女川町では川筋に沿って津波が遡上し，海の全く見えない山間の2階屋の屋根まで，水に浸かりました．**写真 4.8.2** は津波から約3週間後にグーグルアースが捉えた女川町の衛星写真です．Hさんの家は○印のところにありました．すぐ裏まで山が迫っているので，娘さんは高台に避難できました．

　ところが，お母さんは逃げ遅れてしまい，2階に上がったのですが，水嵩がどんどん上がってきました．全身水に浸かりながら，カーテンレールのようなものにしがみついたのですが，水面と天井の間にわずかな空気だまりができ，それ以上，水面は上がってきませんでした（**写真 4.8.3**）．やがて，水が引き始め，そのとき，初めて助かったと思ったそうです．

　最近の建物は耐震上のこともあり，窓の上に丈夫な梁を配していますし，気密性も高いつくりとなっています．ちょうど，船が転覆したときに船底に空気だまりができ，そこで救助を待って生き延びるということがあるのと同じような状況といえるでしょう．家が水没するような津波の中で，空気だまりで助かるといった事例は数多くあり，朝日新聞 2011 年 3 月 29 日の記事では岩手県山田町で水没した平屋の

写真 4.8.2　山間の2階建ても飲み込みんだ女川町の津波

写真 4.8.3　2階の天井に空気だまりができた

木造住宅からお母さんと幼い2人の娘さんが助かったことを報じています．その家の写真を見ると，新しい平屋の木造ですが，空気だまりができそうな頑丈なつくりであることが見て取れました．

2) 建物が隣の家も守った事例
● 巨大津波に流されなかった住まいを改修して，「希望」という名の喫茶店を開きました

　仙台市内唯一の深沼海水浴場，その松林の西側に広がる荒浜のまちに，Sさんとお父さんの家があります．この地区には，約800戸・2 700人が暮らしていました．

　あの津波の日，荒浜地区に津波警報が発令され，Sさんとお父さんはそれぞれ外出されていましたが，急いで避難所に逃げたそうです．なかなか被害状況がわからないなか，夜になって宮城県警の情報として「若林区荒浜の海岸に200人を超える遺体が打ちあげられた模様」と報道され，被害の甚大さに全国の人々が息を飲みました．

　避難が解除され，荒浜地区に戻ったSさんが目にしたのは，廃墟と化したまち並みでした．「幸い，うちと隣の家は鉄筋コンクリートだったので，建物は残っていました．その2棟が瓦礫の波を食い止め，後ろにあった木造のお宅も守ることができました（**写真4.8.4**）．避難所でそのお隣の木造の家のご主人に再会したとき，"Sさんの家があったから助かった，感謝しています" と言われました」とのことです．

　ただし，木造の家の海側は大きな被害を受けませんでしたが，反対側の西面は押し波により，外壁が大きくえぐられました．いずれにしても，逃げ遅れたご主人は1階下屋の屋根から2階の屋根の上まで逃れ，津波を耐え，その後，ヘリコプターで救出されたそうです．

　その後も，避難所暮らしを続けていたSさんとお父さんですが，ぎゅうぎゅう詰めの状態のなかで，お父さんの具合がいよいよ悪くなってきました．そのころ，荒浜地区は災害危険区域に指定され，残った建物もどんどん解体されていました．ですが，危険区域のため，住居の

写真 4.8.4 コンクリートの家 2 軒と木造の家 1 軒　　**写真 4.8.5** 希望と名づけて 2012 年 5 月にオープン

　新築はできませんが，改修はしてもよいということを聞き，悩んだ末，住めるように全面改修し，とにかくお父さんに我が家に移ってもらうようにすると，決意したのです．急いで改修を終えて，避難所から S さんとお父さんが戻ってきてまもなく，お父さんは亡くなりました．

　1 人で改修した住まいに住んでいるとそのうち，「トイレを貸してください」「水を 1 杯いただけますか」などと，ボランティアの人たちが大勢訪れるようになったそうです．近くに住むお姉さんの発案で「それならいっそのこと，皆さんに休憩場所として利用していただこう」と，1 階で喫茶店のようなものを開くことにしました．2012 年 5 月,「希望」と名づけてオープンしたこの店には，ボランティアだけでなく，故郷荒浜を後にして仮設住まいをしている人が次々と訪れ始め，憩いと交流の場になりました（**写真 4.8.5**）．また，この荒浜地区復興のシンボルとしてマスコミにも取り上げられ，九州・宮崎から北海道まで全国から訪れる人で絶え間ありませんでした．

　といっても，場所は災害危険区域です．目の前の県道も約 4m 嵩上げされることになり，2015 年半ばまでには，ここを後にすることになっています．

3) 建物が残ってよかった事例
● 仲間の手助けで 1 軒だけ残ったわが家をリフォームできました

　仙台市若林区の沿岸部，荒浜の南側に広がる井戸浜．海岸線に並行して，あの伊達政宗貞山公が開いた貞山堀（運河）が流れ，運河沿いに美しい松林が続いていました．

　震災当日，井戸浜を襲った津波は，Kさんの家の屋根の上を越えて，内陸部へと突き進んでいきました（**写真 4.8.6**）．大きな揺れで津波が来ると感じたKさんは，老人会での申し合わせどおり近辺の高齢者4人に声を掛け，車に飛び乗って，避難したそうです．その後，奥さんも無事合流し，避難所で1週間ほど過ごしたそうです．

　その避難所から戻ったKさん夫妻が目にしたのは，流木と瓦礫が漂う水面に，ただ1軒，ぽつんと浮かんでいるわが家だったのです．屋根を見ると，太陽熱温水器がダメージを受けながらも何とか踏みとどまっていました．家に入ってみると，1階の中には直径 30 cm を超えるような丸太が 30 本も入っていました（**写真 4.8.7**）．ところが，2階の西側の部屋は全く被害がなく，驚いたそうです（**写真 4.8.8**）．

　そうこうするうちに，このエリアは災害危険区域に指定されましたが，住居の新築は認められないものの，改修することは認められていました．Kさんは迷いましたが，震災すぐに多くの仲間が見舞いに来て，家の中の丸太を手で刻み運び出してくれていたのです．改修を決断し，

写真 4.8.6 屋根を越えた津波に洗われた2階屋（仙台市若林区）

写真 4.8.7 家の中には防風林の松の丸太が 30 本近くあった（震災1週間後）

第4章　津波に負けない住まいづくり

写真 4.8.8　海岸と反対側の2階の部屋は浸水もしなかった（震災1週間後）

写真 4.8.9　改修後の家

　震災後の1年後に元の場所に戻って来ました（**写真 4.8.9**）．津波には避難と心得ていたので，怖くはなかったそうです．まさしく，津波は地震の前にはやって来ません，後だから，すぐさま逃げればよいとのことです．2010年のチリ地震で避難したとき，海岸から平坦なままの地にあった避難所は危険と感じたそうで，翌年の地震では，高速道路を越えて，遠くの3階建ての避難場所に向かったのだそうです．日ごろの防災減災への意識が大切とのことでした．

　戻ってきてからは，国際交流協会を通じて親交のあった仙台市の姉妹都市リバーサイドからもお見舞い団がやって来ますし，ちりぢりになった近所の方も折々に集まりますし，お互いに励まし合うことができたそうです．

　仙台市では災害危険区域の集団移転を実施しましたが，この地の移転先の整備には4年がかかりました．「仮設住宅といっても，費用は数百万円かかると聞きました．この家の改修には400万円かかりました．すべて，自費です．この震災では，仮設住宅の数が多く，揃うのに半年はかかりました．自分の家のような家がもっとあれば，仮設に頼るのではなく，しばらくは自ら自分の家を直して踏みとどまり，その後，ゆっくり本格的な復興にかかれたと思います」とKさんは語っています．

第 5 章
津波に負けない
まちづくり

5.1 津波に負けないまちづくりの必要性

　今更，津波に強いまちをなぜつくらなければならないのかを解説する必要もないと思います．東日本大震災の被害状況をみれば，なぜ津波に強いまちづくりが必要かはすぐわかります．ここでは，これまで日本が津波に対して連敗してきた歴史からどうやって抜け出したらよいのかを具体的に提案しておきます．ただし，提案はあくまでも筆者（田中）の私案であることをお断りしておきます．以下に示すことは東日本大震災で被災したまちの復興にも活用できますが，これから津波が来るであろう東海，東南海，南海地方の既存の都市にも大変有用だと考えています．ぜひ，活用してほしいと思います．東海，東南海，南海地方は日本経済の中枢を担っており，もし，この地方が東日本大震災のような被害を受けたとしたら日本沈没になりかねません．現在ある都市，すなわち，既存の都市を改良して津波に強くするわけですが，そのためには津波に負けない建築を用いるというこれまでにない発想を導入しない限り不可能ではないかと考えています．都市は日々新しく新陳代謝しています．この新陳代謝に提案している津波に負けないまちづくりを適用することによって，津波に弱い既存の都市を津波に強い都市につくり変えることが可能になると考えています．提案は別

に大げさな都市再編を要求しているわけではありません．日常行われている都市の新陳代謝を利用することによって津波に負けないまちづくりができます．津波に負けないまちづくりは，早いほどよいと思いますし，新陳代謝は毎日行われているわけで，行動が遅くなればなるほど津波に強いまちづくりのチャンスを失っていきます．早い決断と実行を望みます．

5.2　津波に負けないまちづくりの目標

● まちづくりの基本的な考え方

　津波に負けないまちづくりをするにあたっての基本的な考え方は次の4つではないかと考えています．
　① 津波に対して安全なまちにする
　② 津波に負けない建物を活用する
　③ 建物の「再使用」という概念を導入する
　④ まちの形態および人間生活の形態をあまり変えない

　上記の「① 津波に対して安全なまちにする」は当然の話ですから，別に説明を加える必要もないと思いますが，これまでの災害後のまちづくりをみていると「災害の安全性」があまりにも前面に強調されすぎて，まちの形態や人間生活の形態を壊しすぎて失敗している例が多くみられます．気をつけなければなりません．

　「② 津波に負けない建物を活用する」については4節の「4.1　津波に負けない現代建築」ですでに述べましたのでそちらを参照してください．

　「③ 建物の「再使用」という概念を導入する」については，4.4節の「再使用の事例」で述べているのでそちらを参照してください．

　これまで，津波災害というと建物が流失してしまう場合が多く，残存した建物を再使用するという議論や考え方が少なかったように思います．現代建築は津波を受けても流失せずに残存できるようになりま

すので，再使用するという考え方を固定化していく必要があると考えています．再使用によって復興が早まり，経済的負担が軽減されることは前述したとおりです．

「④ まちの形態および人間生活の形態をあまり変えない」という考え方は，災害に安全なまちづくりをする場合に大変重要なことです．災害の安全性を考慮するあまり，まちが保持すべき最も重要な人間生活（経済，コミュニケーションなど）を壊して生活しにくいまちに変化させてしまうと，人が離れていき，高齢者の孤独死などの問題も出てくる危険性があります．十分気をつけなければなりません．

● **まちづくりの目標**

津波に負けないまちをつくるとはいったいどういうことなのか，その目標を明確にしておく必要があります．津波による被害は無数にあります．津波に強いまち，すなわち，津波による被害が皆無であるまちが最も望ましいのですが，それは現時点では不可能であろうと考えています．

そこで，筆者は少なくても次の5項目を満たすまちを「津波に負けないまち」と定義します．

① 命を守るまち
② 建物が流失しないまち
③ 津波の翌日から生活できるまち
④ 財産を失わないまち
⑤ 火事にならないまち

これら5項目を満たすような津波に負けないまちをつくることによって，これまでの津波の被害を激減させることができるのではないかと考えています．すなわち，津波に負けないまちづくりは新時代に突入していくのではないかと思っております．

また，上記5項目は「津波に負けない建物」を活用することによって比較的容易に行えると考えています．紙面の都合もあり，以下では

①②③についてのまちづくりについて示します．

5.3 津波に負けないまちづくりのための三つの手法

津波に強いまちをつくるためには，津波と闘い勝たなければなりません．そのためには，津波と闘うための手法が必要です．現在我々が持っている手法は次の三つではないかと考えています．
① 防潮堤
② 高台移転
③ 津波に負けない建物

図 5.3.1 に上記三つの手法を模式的に示しました．

上記 3 項目のうち，①防潮堤，②高台移転の二つの手法は古くからある手法です．これら二つの手法を用いてこれまで津波と闘ってきたわけですが，結果的には東日本大震災で大きな被害が発生しました．このことは，これまで使用してきた二つの手法だけで津波と闘うことはこれからも困難であると言っても過言ではないと思います．

そこで，これらの津波に負けないまちづくりには前述の二つの手法に加えて，東日本大震災で実証された津波に負けない建物を加えて三つの手法で対応するのがよいと考えています．「津波に負けない建物」というたった一つの手法を新たに加えるだけでこれまでとは全く異

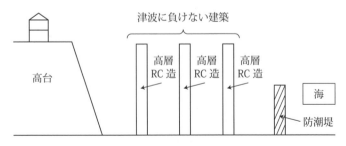

図 5.3.1　津波に負けないまちづくりのための三つの手法
（防潮堤，高台，津波に負けない建物）

5.3 津波に負けないまちづくりのための三つの手法

なった新しい津波との闘い方が可能になると考えています．

　津波という災害は，ピロティ構造などを利用すれば津波を避けられる，あるいは津波を受けても洗浄，改修することで建物を再使用できます．このような特性をうまく建物で処理してやるのが，津波に負けないまちづくりのポイントだと思います．そこで，ごく簡単に建物を活用した「津波に負けないまちづくり」の概要を**図 5.3.2** に示しておきます．

① 津波の来ない地域はこれまでと同様です．
② 津波が来る地域は津波の浸水深によって 3 種類に分類します．
③ 地域 I は浸水深が 3 m 以下程度で，ピロティ構造を用いるのが有効です．また，洗浄・改修により再使用することも可能です．
④ 地域 II は浸水深が 3 m ～ 5 m 程度で，1 階をピロティ構造にしても多少居住空間が津波被害を受けます．津波後，洗浄・改修を行えば，十分再使用可能です．
⑤ 地域 III は，浸水深が 5 m 以上のところです．この地域は高層建物で対応するのがよいと考えています．下階は津波を受けますの

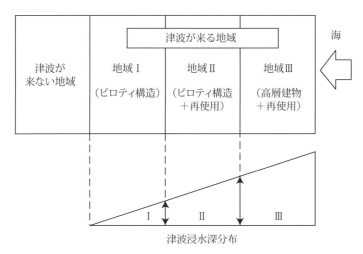

図 5.3.2　「津波に負けない建物」の活用法の概要

で，洗浄・改修が必要です．しかし，再使用可能です．洗浄・改修は短期間で終了しますので，長期間の仮設住宅住まいをしないで済みます．

以上のように「津波に負けない建物」をうまく活用すれば，建物だけで津波被害を激減させることが可能になります．

5.4 命を守るまち

一番大切なことは，人々の命を守ることです．津波で命を失うということは津波の来る範囲にいるということでしょうから，命を守る最も重要なことは津波の来る範囲と津波の浸水深を知ることです．

● 津波が来る範囲の想定を十分に行う

津波に強いまちづくりを行うわけですから，最も重要なことは，どの程度の規模の津波が来るのかを知ることです．特に津波が来る範囲および津波による浸水深は，まちづくりに欠かせません．津波が来る範囲，津波による浸水深は防潮堤の設置と大きく関わることなので両者の関係については十分検討しなければなりません．

津波が来る範囲は津波の分析あるいは過去の歴史などを参考に，まちづくりを行う地域の津波の来る範囲を**図 5.4.1** のように想定します．

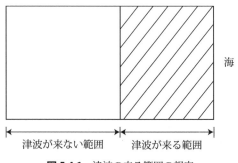

図 5.4.1 津波の来る範囲の想定

図 5.4.2 東日本大震災での仙台市周辺の津波が来た範囲
(国土地理院, 1/10万 浸水範囲概状況)

いくら大きな津波でも津波の来る範囲は限定されます．例えば，**図 5.4.2** は東日本大震災での仙台市周辺の津波が来た範囲を示した例です．

　津波の来る範囲は，困ったことに平らな生産効率の高い平野部です．そうでなくても平野部の少ない日本において，もしこのような平野部が津波のために有効利用できないとしたら，わが国の損失は計り知れません．国土の有効利用のためにもこれらの平野部が利用できるように知恵を絞らなければなりません．

　建物は流失するよりは流失しないに越したことはありません．なぜならば，流失はすべてを無にすることを意味しているからです．ちな

第 5 章　津波に負けないまちづくり

表 5.4.1　各県の主な市町村での津波を受けた範囲の面積の割合

県名	主な市町村での浸水面積 (km²)	市町村全面積に対する割合 (%)
青森県	24	2.8
岩手県	58	1.2
宮城県	327	16.3
福島県	112	4.6

みに，各県のおもな市町村において東日本大震災で津波を受けた範囲の面積の割合を一覧にしたのが**表 5.4.1** です．

　平野部の多い宮城県での比率が大きいことがわかります．例えば，宮城県のように 15 % 近くの平野部が有効利用できないとしたら，わが国の経済的損失の大きさは計り知れません．さらに，将来的に東京，東海，東南海などわが国の重要経済圏でも同様のことが起こるとしたら，わが国の経済の行く末が心配です．

● **津波の浸水深の想定を十分に行う**

　津波の浸水深は地域によって異なりますが，浸水深は津波に負けないまちづくりに欠かせない因子です．それゆえ，津波の浸水深の分布を**図 5.4.3** のように想定します．

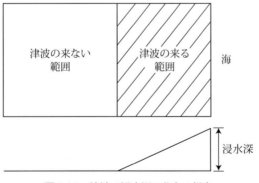

図 5.4.3　津波の浸水深の分布の想定

浸水深とは**図5.4.4**に示すように，建物が建っている場所の地盤面（地表面）から建物に作用する津波の上面（津波面）までの深さ（図5.4.4のh）をいいます．浸水深は建物に作用する津波の力を求めるときに必要ですから重要です．

津波の浸水深は図5.4.3に示すように，一般的に内陸に入るほど小さくなります．浸水深が大きくなると建物に作用する津波の力が大きくなりますから，津波による被害も大きくなります．すなわち，一般的には海岸へ近づくほど浸水深が大きくなりますので，被害は海岸に近いほど大きくなります．

また，建物に作用する津波の力は浸水深のほかに，津波の流速とも関係しています．流速が速いほど津波の力は大きくなり，建物の被害も大きくなります．

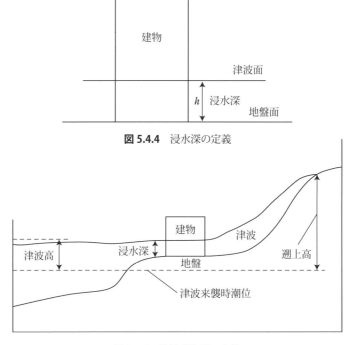

図5.4.4 浸水深の定義

図5.4.5 津波高などの定義

参考として，**図 5.4.5** に津波に関係した用語の定義を示しておきます．

● **建物で命を救える場合がある**

「4.1　津波に負けない現代建築」で示したように，現代建築の技術を活用すれば津波で流失しない，破壊しない建物はつくることが可能です．そのような建物が**図 5.4.6** のような津波を受けた場合には，建物の上部へ避難できますから，命を救うことができます．

図 5.4.6 のような事例は東日本大震災で多くみられ，多くの人の命が救われました．しかし，建物は流失しないのですが，津波が屋上を越えて作用する場合があります．（図 4.3.1 参照）このような場合には建物の上部へ逃げても命が助からないことが多くあります．東日本大震災でもこのような悲劇が多くありました．このような悲劇を減らすための方法について，筆者の考えを以下に示しておきます．

方法は非常に簡単で「設計用浸水深」を決めるという方法です．設

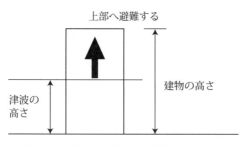

図 5.4.6　建物で命を救える場合があります

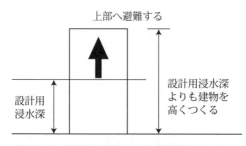

図 5.4.7　設計用浸水深よりも建物を高くつくる

計用浸水深とは，建物が建てられる場所に来ると予想される津波浸水深の最大値です．すなわち，**図 5.4.7** のように設計用浸水深よりも高く建物がつくられていれば，建物で命を救える確率が非常に高くなります．

もし，津波の「想定外」が怖いという方は「安全率」を考慮して設計用浸水深に安全率を考慮して，設計用浸水深を大きめに決めておくのも一つの方法だと思います．

前述したように津波の場合，建物の高さと津波の大きさ（浸水深の大きさ）との関係で命が左右されます．すなわち，建物で命を100％救えないことがあることを頭の中に入れておく必要があります．しかし，建物で命を救うことができるということも事実です．東日本大震災でも実証されています．建物と命の関係を設計用浸水深という考え方を導入することによってどのように考えていくのかはこれからの大きな課題です．

● 海岸に近いほど高層建物にする

津波による浸水深は**図 5.4.8** のように海岸で最も大きく，内陸へいくにつれて小さくなります．

建物の高さは浸水深の分布に応じて**図 5.4.9** のように調整すべきです．すなわち，建物の高さは海岸へいくにつれて高くすべきです．津波の場合は高層建物が命を救うと言っても過言ではありません．

● 防潮堤の効果と注意点

東日本大震災でも津波に対して防潮堤が効果のあることは認められました．しかし，多くの防潮堤が決壊し，当初想定した効果を発揮できなかったものもあります．このような被害例から考えた場合，防潮堤が100％想定している効果を発揮すると考えるのは危険のような気がします．すなわち，防潮堤の効果については，十分な安全率を考慮して用いる必要があります．安全率の大きさには，メンテナンスなど

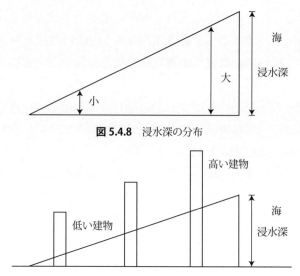

図 5.4.8 浸水深の分布

図 5.4.9 建物の高さは浸水深に応じて調整する．海岸に近いほど高層建物にする

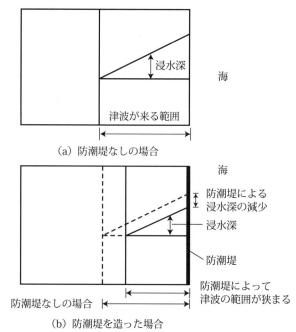

図 5.4.10 防潮堤が浸水深に与える効果

数々の因子が複合的に絡んでいることを十分考慮する必要があります．また，防潮林についてもその効果の有無などについて議論があります．防潮林などの効果は，津波の大きさによって大きく異なることが考えられます．比較的小さな津波の場合は効果があるかもしれませんが，東日本大震災のような大きな津波の場合にはあまり効果がないようにも思われます．このような不安定要素の大きいものについては，津波に強いまちづくりでは考慮しないほうがよいのではないかと考えています．防潮堤をつくることによって，**図 5.4.10** のように浸水深を小さくすることができます．

　以下には，東日本大震災でみられた被害例を用いて，防潮堤の効果と注意点を具体的に示しておきます．**写真 5.4.1**，**5.4.2** に示した防潮堤は，岩手県内の市町村の防潮堤で，津波からまちを救った一例です．

　さらに，**写真 5.4.3** および**写真 5.4.4** も岩手県内にある防潮堤の一例です．防潮堤は一見ダムのようにみえる立派なものです．この防潮堤も破壊することなく近くの小学校，中学校を津波から救いました．（**写真 5.4.5**，**写真 5.4.6**）

　前述した防潮堤は津波時に破壊することなくまちを津波から守ったものですが，このように防潮堤が津波からまちを救った例は実は数が

写真 5.4.1　岩手県内の津波からまちを救った防潮堤の 1 例

写真 5.4.2 写真 5.4.1 の逆方向にも防潮堤が続いています

写真 5.4.3 一見ダムのようにみえる防潮堤 高さ 15 m

写真 5.4.4 防潮堤の上から海側を見たものですが海側には何も残っていません

5.4 命を守るまち

写真 5.4.5 防潮堤近くにある小学校　無被害です

写真 5.4.6 防潮堤近くにある中学校　無被害です

写真 5.4.7 津波で破壊した防潮堤の例（1）

写真 5.4.8 津波で破壊した防潮堤の例（2）

少ないと思います．津波によって破壊された防潮堤は多く存在します．**写真 5.4.7**，**5.4.8** に，津波で破壊された防潮堤の例を示しておきます．

　防潮堤が破壊したわけですから津波によってまちが壊滅的な被害を受けたことは言うまでもありません．

　前述したように防潮堤は津波により破壊されるものが多く存在していることがわかります．このことは防潮堤だけに頼って津波を防御するのは困難であることを示しています．いずれの災害でも同様のことがいえますが，津波においても災害を防御するためには，防御方法は一つだけではなく，多重防御にしておく必要があります．すなわち，少なくとも三つぐらいは確保しておくのが望ましいでしょう．

● **津波の不確実性への対応**

　津波の大きさ，襲来する地域を明示した津波ハザードマップを作成し，住民に配布している地域も多いと聞きます．しかし，東日本大震災では実際の津波範囲とハザードマップの範囲を比べてみて，ジャスト一致したという地域は少ないと思います．このことは，津波の不確実性を物語っています．すなわち，津波の分布を正確に言い当てることの難しさを示しています．（**図 5.4.11**）

　東日本大震災では予測が大きく外れました．自然界の出来事の予測

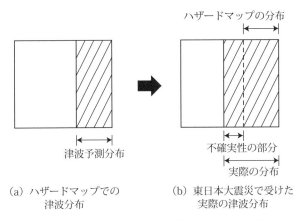

(a) ハザードマップでの
　　津波分布

(b) 東日本大震災で受けた
　　実際の津波分布

図 5.4.11 津波ハザードマップと東日本大震災で受けた実際の津波分布の比較

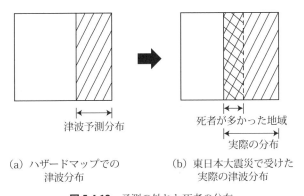

(a) ハザードマップでの
　　津波分布

(b) 東日本大震災で受けた
　　実際の津波分布

図 5.4.12 予測の外れと死者の分布

の難しさは今に始まったことではありません．「想定外」と言って逃れてもよいのですが，「想定外」には大きな問題が含まれています．予測が外れたことは，外れたであまりよいことではありませんが，誰もクレームは付けません．しかし，今回残した最大の課題は予測が外れた場合，すなわち，不確実性に対する手段が講じられていなかったことにあります．津波に負けないまちづくりは，不確実性も考慮して考えなければなりません．

　上述した津波の不確実性に対処する手段として建物を活用するのが

第5章 津波に負けないまちづくり

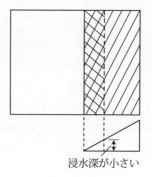

図 5.4.13 浸水深が小さいのに死者が多く出たところに問題があります

よいと考えています．津波に負けない建物を用いることによって，この不確実性を吸収できるのではないかと思います．ここにも「津波に負けない建物」の重要性があります．

図 5.4.12 のように予測が外れたのは前述したように問題はありますが，あまりクレームを言いません．問題は図 5.4.12 の ▨ の地域で死者が多数出たことです．これに対しての対策が全くできていなかったところに問題があります．**図 5.4.13** に示すように死者が多かった地域は浸水深が比較的小さかったところです．それでも多くの方が亡くなったところに問題があります．この問題の根は深いと考えています．なぜこのようなことが起こるのかというと，これまで日本は津波についてはすべて行政で闘ってきたことに問題があります．防潮堤をつくる，高台へ移転する，すべて行政での施策です．

図 5.4.13 の ▨ の地域のように死者が多く出ることが考えられたのに，それに対する対策が不明なため被害が大きく出たのではないでしょうか．

もし，図 5.4.13 の ▨ の多重線の地域の建物が**図 5.4.14** のようなピロティを用いた津波に負けない建物でしたら，2 階あるいは 3 階へ逃げていれば誰も死なずに済んだのではないでしょうか．

建物をつくるのは個人であって決して行政ではありません．すなわ

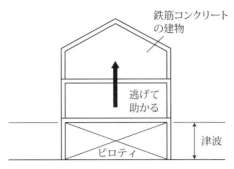

図 5.4.14 津波に負けない建物で津波の不確実性に対処できる

ち,津波の不確実性に対応するためには行政の施策も重要ですが,建築を活用した個人の施策も大切です.これからの津波に負けないまちづくりにはこの個人の建築を上手く活用することによって被害を激減させ,悲劇から逃げることができると考えています.

津波には古くから「てんでんこ」という言い伝えがあります.津波から逃げるときは「てんでん」に逃げろという意味です.究極の個人戦です.このように津波と闘うには個人戦も大切であることを昔から教えられてきたわりには,そのような考えが津波に負けないまちづくりに生かされてこなかったような気がします.

● 避難を容易にする

津波から命を守る最も安全な方法は避難です.津波の避難方法はただ一つ,「高いところに逃げる」です.高いところとしては次の2か所が考えられます.

① 高台に逃げる
② 高い建物へ逃げる

避難については「4.4 建築は津波減災対策に使える」の「鉛直避難を考える時代」でも述べてありますので,そちらも参考にしてください.津波は安全なところまで逃げるのが一番効果的なのは言うまでもあり

ません．多人数の方がスムーズに逃げるためには，既存の道路の見直しと津波からの避難に適した道路に整備する必要があります．これから津波が来ることが想定される東京はじめ，東海，東南海，南海などの既存の都市では，既存のまちの道路を津波に適した道路計画にするには大々的な都市計画の再編が必要になります．現在でもいろいろな都市で都市の再編を目的とした都市計画が立案されていると思います．しかし，思うように進んでいないのが実情ではないでしょうか．このようなことから考えると既存のまちにおいて津波避難のための道路の再編は非常に難しい課題だと言わざるをえません．着手したとしても長時間かかることを覚悟しなければなりません．特に自動車避難を許容するようにした場合には，少なくても自動車用に道路幅を拡げる必要があります．また，自動車が故障しないという保証はありません．すなわち，自動車が避難中に故障したらどうするのかなどは少なくても十分に考えておく必要があります．

また，交通事故が起きたときにはどうするのか，交通事故が何か所で起きたらどうするのか，道路整備のほかにも解決しなければならない問題は無数にあるように思われます．本当にこのようなことをすべて上手く解決できるシステムがつくれるのか疑問です．

津波に対する避難には水平避難と鉛直避難があることは前述しました．水平避難は一般に移動距離が長くなります．移動距離が長いということの最大の欠点は人間が移動する間には必ず何らかのトラブルが発生する確率が高くなることです．人間の行動でトラブルを少なくする方法は次の三つです．

① 自分自身の力で移動する
② 自分で動けない人は，人力で運べるようなシステムにしておく
③ 移動距離が短いこと

この3項目を満足するものとして鉛直避難が考えられます．鉛直避難は現在でも津波避難ビルとして行政において推進されています．この避難ビルの施策は東日本大震災においても有効に作用したという報

告もあり，これからも活用していくべきだと考えています．

　しかし，避難ビルは現在ではまだ数も少なく，どこにあるのかもわからない地域もあるのではないかと思います．これからは避難ビルのような特別な施設を設けて鉛直避難を行うのではなく，津波が来ると予想される地域では建物自体を高層化して，自分の室から階段で上へ昇るだけで津波から避難できる鉛直避難を日常化すべきです．そうすることによって間違いなく津波で亡くなる方は激減するものと考えら

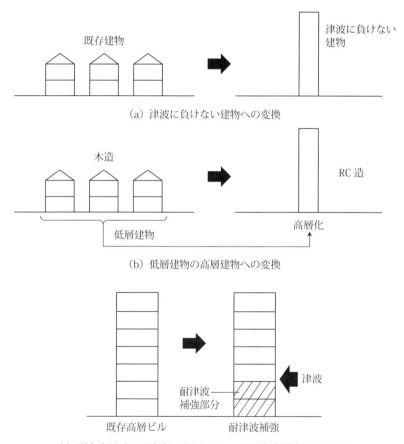

図 5.4.15　既存都市における津波避難を水平避難から鉛直避難に変換する方法

れます．津波が来ると予想される地域では，まず次のような施策を講ずるべきです．

① 津波に負けない建物への変換
② 低層建物の高層建物への変換
③ 既存高層ビルの耐津波補強の促進

これからの日本は明らかに高齢化に向かうはずであり，居住はコンパクト化すべきだと考えられるので高齢化社会での津波対策としては，上記の施策が最も重要な課題であると考えられます．上記の施策を図で解説したのが**図 5.4.15** です．

上述の三つの施策を行うことにより，津波による死者は激減するはずです．しかし，この施策には津波のときに建物を開放するという課題があります．防犯の観点からの課題ではありますが，住民の協力が必要です．

● 学校・避難施設には必ず 5 階以上の高層階部分を設ける

東日本大震災でも学校の生徒が犠牲になった例は多くあります．犠牲者が出た学校は 2 階建て，3 階建てなどの比較的低層の学校に多いようです．津波の大きさにもよりますが，大きな津波の場合は 4 階程度まで津波が来ることが考えられます．なぜか昔から日本の学校建築は同一階で構成されたものが多くあります．これはあまり津波のことを考えていなかったことにもよると思われますが，これからの学校は，少なくても校舎の一部に 5 階建て部分を持つようにすべきだと思います．特に小学校の低学年は，学校から高台への避難が難しい場合が多くあります．多人数の生徒を引率する先生も責任を持って高台へ避難することは困難な場合が多いのではないでしょうか．もし，5 階建て部分があれば小学校の低学年の生徒は，校舎内での鉛直避難で十分津波を避けることができます．

図 5.4.16 はこれまでの学校建築の一般的な形状と津波に望ましい形状を比較したものです．東日本大震災では海岸近くに建つ建物が 4 階

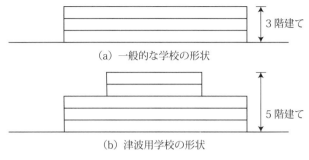

図 5.4.16 学校建物には 5 階以上の部分を設ける

程度まで津波に襲われたといわれています．最も，学校建築は海岸近くに建てるよりも多少高台へ建てるのが望ましいのですが，しかし，既存の都市においては海岸近くに建つ学校もあるかもしれません．そのような学校は耐津波補強を活用して，5 階部分を設けるのがよいと考えています．

5.5 建物が流失しないまち

● 津波で流失しない建物にする

津波で建物が流失したのでは，東日本大震災の結果と同様になります．それでは，いつまで経っても津波に勝てないことになります．今度来る大きな津波に対しては，津波後にすべての建物が残って再使用できる状態にするのがこれからの津波に負けないまちづくりの重大な課題です．

● 津波の来る範囲内の建物は津波に負けない建物にする

現代建築の技術を活用することによって津波に負けない建物（津波で流失しない，津波で破壊しない，再使用できる建物）をつくることができることがわかりました．この津波に負けない建物については「4.1 津波に負けない現代建築」に詳しく示してありますので参考にして

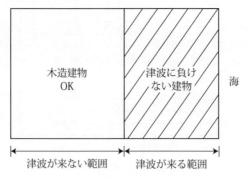

図 5.5.1 津波の来る範囲は鉄筋コンクリート造の建物を使用する

ください．

このことから**図 5.5.1** のように津波の来る範囲では津波に負けない建物を使用します．津波に負けない建物を用いることによって津波で建物を流失させないようにすることができます．**写真 5.5.1** に，東日本大震災で実証された津波に負けない建物の例を示します．

津波に負けない建物を用いることによって津波で流されない建物にすることができますが，東日本大震災では海岸にあった建物が津波によって転倒させられたものが見受けられましたが，原因は上部の建物に問題があったからではなく，基礎部分の強度および地盤の液状化な

陸前高田市（岩手県）

気仙沼市（宮城県）

写真 5.5.1 津波に抵抗した津波に負けない建築物の一例

5.5 建物が流失しないまち

どにより生じた被害です．それゆえ，上部の建物部分だけではなく基礎部分の設計，地盤の設計なども十分行っておく必要があります．

● **木造でも津波に負けない建物をつくれます**

日本の建築は「木の文化」が基本です．その思想は昔も今も変わらずに日本人の心の奥底にあります．「木の文化」は美しいし，利にかなっています．**写真 5.5.2** に「木の文化」の一例として京都のまち並みを示しておきます．

しかし，現存する木造建物で，東日本大震災のような津波に立ち向かうには多少無理があるように思います．木造建物の被害例を**写真 5.5.3** に示しておきます．写真 5.5.3 は津波前の住宅地の状況と津波後のそれを対比して示したものです．木造建物がほとんど残っていないことがわかります．しかし，現代建築の技術を用いることによって木造建物でも十分津波に負けない建物をつくること

写真 5.5.2 京都のまち並み

前

後

写真 5.5.3 津波後には木造建物がほとんど残っていません

が可能です．それゆえ，今後は日本の「木の文化」を失うことなく津波と闘っていけると考えています．鉄骨造でも同様のことがいえます．

● **高台への移転**

図 5.5.2 のように津波が発生すると，津波が届かない高台へ移転する方法は古くから取られてきました．津波が来ないのだから被害に遭うこともありません．

しかし，この高台移転という手法は古くから行われているわりには津波被害が減りません．減らない理由は，平地に新しく建物を建てて住む人，あるいは高台へ移転したものの生活の便利さなどからもとの平地に戻ってくる人などがいるためだと思います．

東日本大震災の悪夢も 10 年間ぐらいはよく覚えているのでしょうが，50 年もすると世代が変わり，学校では習うかもしれませんが，3.11 の出来事は忘れがちになるでしょう．やむをえないのかもしれません．学校での防災教育も有効だし，石碑も建てるなども有効だと思います．しかし，このようなことは昔から行ってきたことです．それでも東日本大震災のような被害が発生します．このことは，何を意味しているのかというと，学校での防災教育や石碑などをつくることが日常生活とかい離していき，危機意識が次第に希薄になり，消滅していくことを示しています．そのようなことが起こらないようにするためには，津波が来る範囲に建つ建物は，津波で破壊しないようなものに制限すべきです．そうすることによって津波が常に日常生活と関係している

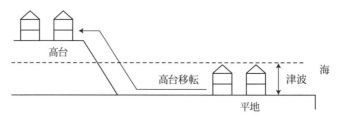

図 5.5.2 高台への移転

わけですから，津波のことを忘れることがありません．非常に簡単なことですが，津波が来る範囲では建物は必ず津波に負けない建物にすること，また高層化することを義務づければ，東日本大震災の再現はなくなり，津波による死者ならびに被害は激減するものと考えられます．

● **高地下鉄・地下街の課題**

東京の地下鉄をみますと，標高の低いところを走っているものもあるのではないかと思います．津波が地下鉄を襲って，地下鉄に津波が流れ込むと漂流物が地下鉄に吸い込まれていき，地上に逃げようとしている方々の道を塞いでしまうことが考えられます．

写真 5.5.4，**写真 5.5.5** は地下鉄の現状です．この状況は古くから変

写真 5.5.4　地下鉄の現状の一例（1）

写真 5.5.5　地下鉄の現状の一例（2）

写真 5.5.6　地下街の一例（1）

写真 5.5.7　地下街の一例（2）

わりません．津波に対する何らかの手立てをしたとは聞いていません．だとしたら津波に強いとは思えません．

また，**写真 5.5.6**，**写真 5.5.7** は地下街の一例です．地下街の面積も年々増加する傾向にあります．地下街も地下鉄と同様の問題点を抱えています．

このような津波が抱えている問題点は地下鉄，地下街だけではないと思います．今後の検討が必要です．

5.6 津波の翌日から生活できるまち

● ピロティ構造を利用する

建物が津波で流失しないで残っても，建物の中に津波が流れ込むと掃除するのも大変です．それゆえ，津波の被害が想定される範囲での建物は，津波の翌日でも何もなかったかのごとく日常生活ができるような建物にしておく必要があります．例えば**写真 5.6.1** は，外観は津波を受けてもなんでもないような状況にみえます．しかし，住宅の中をみると**写真 5.6.2** のように室内は目茶目茶です．これでは，津波の翌日から生活するのは困難です．

写真 5.6.1 津波を受けたが外観は何もないようにみえます

津波はピロティ構造の建物の中をスムーズに流れることは東日本大震災においても実証されています．すなわち，ピロティ構造は，見付け面積が小さいため作用する津波の力が小さくなります．

そのため，東日本大震災においてもピロティ

5.6 津波の翌日から生活できるまち

構造の建物は津波被害を受けたものが非常に少なく，津波に強いことが認められています．そのことからピロティ構造は津波と十分闘えるので，これから積極的に活用するのがよいと考えています．

写真 5.6.2　津波を受けた室内は目茶目茶になって生活できない状況

写真 5.6.3 は津波を受けましたが 1 階がピロティ構造でしたので，津波が通り抜けて 2 階以上は無被害でした．翌日から日常生活ができたと言っていました．このような工夫をこらすことで，津波の影響を排除することができます．

津波の浸水深に合わせて図 5.6.1 のように建物高さを調整しても，斜線部分のように津波を受けてしまうと，建物内部は水を被り被害が発生し，翌日から日常生活を送ることはできません．

写真 5.6.3　1 階がピロティ構造で津波を受けたが翌日から日常生活ができました

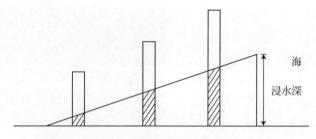

図 5.6.1 斜線部分が津波で建物内部が被害を受けます

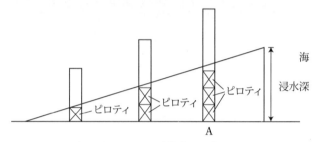

図 5.6.2 下部をピロティにし建物内が浸水しないようにする

　津波が室内に浸水しないようにするためには建物の下部をピロティ構造にし，津波をスムーズに流すのがよいと思います（**図 5.6.2**）．しかし，いくらピロティ構造が効果的だといっても，2～3階程度が限界であろうと考えられます．

● 沖縄に学ぶ

　日本には，ピロティ構造を用いてまち並みをつくったところがあまり多くありません．そのため，ピロティ構造でつくったまちの景観の予想がつかない人が多く，ピロティ構造でまち並みをつくることを躊躇する人も多いと思います．そのような人々に参考になるまち並みが沖縄に多くあります．**写真 5.6.4**, **5.6.5** は，沖縄の那覇市内でのピロティ構造を用いたまち並みです．写真からわかるようにピロティ構造を用いても決して変な景観にならないことがわかります．心配せずにピロティ構造を用いてまち並みを形成してもらいたいと思います．

5.6 津波の翌日から生活できるまち

写真 5.6.4 ピロティ構造を用いたまち並み (1) 　　**写真 5.6.5** ピロティ構造を用いたまち並み (2)

● **ピロティ構造にも工夫が必要**

　ピロティ構造は津波に十分対抗できることが実証されたので，このような津波に抵抗できる建築物を有効利用することにより，国土の有効利用も可能になります．豊かな国づくりに国土の有効利用は欠かせません．これまで，防潮堤，高台移転しかなかった津波への対処方法の幅が広がることは，狭い日本の将来を考えるうえで大変重要なことです．例えば，**図 5.6.3** は仙台市が提案している津波に対する多重防御の一例です．津波に負けない建物は図 5.6.3 の C ゾーンでも十分に利用できます．また，B ゾーンのように津波が防潮堤を越えてくる可能性のあるエリアにはピロティ構造が有効です．多重防御という考え方はこれまでにない新しい津波への対処方法です．この新しい対処方法には津波に負けない建物およびピロティ構造の利用が有効な手段となりえます．

　しかし，ピロティを利用するとなれば戸建住宅の場合は，**図 5.6.4** に示すように高床式になり高齢者問題やバリアフリーの課題が残されています．

　また，**図 5.6.5** のように高層建物にピロティを利用するとなれば，ピロティ部分の構造性能をどのようにすべきかなどの課題があります．さらに，津波に負けない建物を利用する場合でも，**図 5.6.6** のように

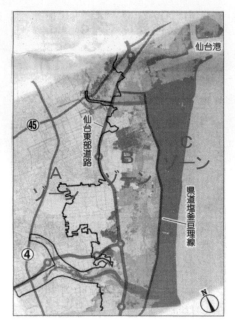

図 5.6.3　仙台市の津波に対する多重防御（案）の一例

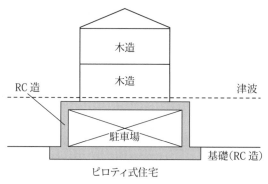

図 5.6.4　1階ピロティの戸建住宅の一例

重要な用途の部分は上階を用いるなどの工夫が必要となり，用途上の課題も残されています．1995年の阪神・淡路大震災においてピロティ構造の欠点が指摘され，耐震的にあまり利用されなくなったと思いますが，耐津波に対してはメリットがあることは確かです．

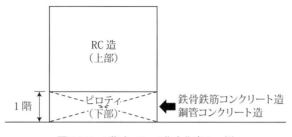

図5.6.5 1階ピロティの集合住宅の一例

図5.6.6 RC造建築物での用途問題

● **経済の連続性にも配慮する**

「津波の次の日から生活ができるまち」と書くと非常に底が浅いような表現になりますが,言い換えて「社会活動の連続性を確保する」つまり,津波の次の日から日常生活ができるまちとは,そのようなまちのことを意味します.

これまでの津波との闘い方をみていると,まず取りあえず津波と闘って命を守り,さて次に何をするのかというように思考に連続性が欠けていたように思います.すなわち,津波で命が助かることだけを考えていたように思います.東日本大震災でも「命は助かったが……」というような状況が多く見受けられました.このようなことはなくしていかなければなりません.この連続性の確保は何も一般住民だけのことではありません.企業でもそうだし,行政でも同じことがいえます.日本の経済についても同様です.特にこれから来ると予想されている

東京直下，東海，東南海，南海という日本経済の中枢を担っている地域にあっては経済の連続性は日本の生命線を握っていると考えています．連続性が重要です．

第6章
津波伝承なくして
津波減災対策なし

6.1 津波伝承の必要性

　東日本大震災では2万人近くの方が亡くなりました．この数はいかにも多いと感じたのではないでしょうか．今後は，亡くなる方を少なくすることはもちろん，津波による被害を軽減するよう，津波減災対策を行う必要があります．

　津波減災対策をたてても促進させなければ意味がありません．津波減災対策を促進させる最も効果的な方法は，皆さんが津波の怖さを忘れずに対策を実行することです．しかし，「天災は忘れたころにやって来る」といわれるように，時間とともに忘れ去られていきます．それでは忘れないようにするにはどうすればよいのでしょうか．

　最良の方法は「津波の怖さを伝承すること」，すなわち，津波伝承です．このように津波による被害を減少させるための一番の効果的な方法は津波伝承です．「津波伝承なくして津波減災対策なし」と言っても過言ではありません．

6.2 新しい津波伝承方法の開発

　日本は過去にも大きな津波に何回も遭っています．その度ごとに津

波被害を忘れないよう，石碑を建てたり，神社や寺を建てたり，津波を忘れないよう皆で熱心に努力してきました．しかし，行き着いた先が東日本大震災の被害であったということは何を意味しているのでしょうか．単純にいえば，これまで津波の度ごとに努力してきたことは効果が不十分だったということではないでしょうか．

今後もこれまでと同じような方法で伝承しても，その結果は東日本大震災と類似したものになるのではないかと考えられます．それではどうしたらよいのでしょうか．そのためには新しい津波伝承方法の開発が必要だと考えられます．以下に新しい津波伝承方法の考え方を示しておきます．

● 新しい津波伝承方法の考え方

これまでも津波に遭うたびに，津波の伝承はいろいろな方法で繰り返し行われてきました．主に，石碑などをつくる，文章で残す，経験者が語り部になるなどの方法で行われてきたのではないかと思います．これらの方法は，もちろん効果があったと思われますが，しかし，東日本大震災でも多くの方が亡くなったことを考えますと，これまでの伝承方法に不十分なところがあったのではないかと考えられます．これまでの伝承方法に不十分なところがあったのですから，新しい伝承方法を導入する必要があります．これまでの伝承方法の最大の欠点は「保存」＝「伝承」と考えているところにあります．

すなわち，この欠点を打破しない限り永く伝承することは不可能だと思っています．そこで，今後は「保存」＝「伝承」という古い考え方をやめ，「新陳代謝」という新しい概念を導入し，古い考えと全く逆の「新陳代謝」＝「伝承」という考え方で伝承する方法を採用すべきだと考えています．この新陳代謝の考え方を含め，これからの新しい津波伝承方法としては次の三つの手法を取り入れるべきだと考えています．三つの項目はいずれも簡単なものです．簡単である理由は，永く伝承するためには複雑なものでは無理があると考えるためです．

6.2 新しい津波伝承方法の開発

① 人間が伝承する

津波伝承は末永く継続しなければなりません．末永く継続するのに適しているのは人間です．理由は，人間が存在し続けるかぎり津波伝承が必要だからです．

② 若者が伝承する

人間の世代を継ぐのは若者です．それゆえ，伝承は若者に託すべきだと考えます．

③ 新陳代謝をさせ伝承する

若者が自分で津波を体験し伝承することで，津波伝承が新陳代謝され，幾世代にわたっても腐ることなく新鮮な状態で若者の口から伝承されていきます．この新陳代謝の発想は，これまでの保存という考え方と全く逆の発想です．

● **具体的な伝承方法**

伝承方法として，次の三つの新しい方法を取り入れます．

①「津波体験」を導入する

これまでの伝承方法は，主に「聞く」「見る」で行われてきたと思います．「聞く」「見る」だけで，末永く伝承するのは無理です．このことは東日本大震災で多くの方が亡くなったことからもわかります．「津波体験」を導入することによって，伝承の新陳代謝が行われるようになり，末永く伝承が継続可能になります．

②「自分で体験し，自分の口から，自分の言葉で」伝承する

これまでの伝承方法では津波体験がないため，津波の恐ろしさを学校などで教科書でマニュアル的に教えられたことを伝えるしか方法がありませんでした．自分で体験することによって津波の恐ろしさを体で憶えるので，自分の口から自分の言葉で自信を持って伝承できるようになります．このような方法は，これまでなかったことです．

③ 津波の現場に立ち，そして学び，伝承する

大きな津波を受けた現場に立ってみることによって，津波の恐ろし

さを体験することは伝承する者にとって大切なことです．また，津波の現場を見ながら学ぶことは生涯忘れることのできない学習として，記憶に残ると考えられます．

6.3 津波伝承をサポートするシステムづくり

1) 津波1000年伝承プロジェクト

　東日本大震災では，津波で多くの方が亡くなりました．二度とこのような悲しい出来事があってはなりません．そこで，本プロジェクトでは，「津波の恐ろしさを末永く伝承することで，津波による死者をゼロに近づけること」を目的としています．東日本大震災のような大きな津波は，ほぼ1000年周期だといわれています．それゆえ，1000年は伝承しないと意味がありません．そこで，本プロジェクトでは，1000年間伝承することを目標とします．

　以下では，日本を対象として書いてありますが，本提案は世界中のどこでも活用できると考えています．

● 1000年伝承するための基本的な考え方
◆ 人間の力を借りる

　これまで永く伝承する方法として，石碑や建造物などを利用することが行われてきました．しかし，このような「物」で伝承することはなかなか困難であることは歴史の教えるところです．人間はこれから1000年間は間違いなく生存していくでしょうから，人間に伝承をお願いするのが最も確実です．もしも，人間が生存しなくなるようであれば本計画も必要がなくなります．それゆえ，このような心配は必要ありません．

◆ 若者の力を借りる

　1000年間伝承していくためには，世代継続が必要です．世代継続には若者が必須です．そこで，本計画では若者の力を借りて1000年

間伝承することを考えました．この若者の力を借りるのが本計画の特徴の一つです．対象とする若者は全国の若者です．全国の若者の力を借りることによって，津波の恐ろしさを全国へ1000年間伝承することが可能となります．

◆ 自分で津波を体験し，自分自身を新陳代謝させ伝承する

若者に伝承をお願いしようとすれば，一般的な考え方としては学校教育で行う方法が考えられます．しかし，学校教育では教科書で習い，他人に伝承していくことになります．教科書だけで伝承していくのはなかなか難しいのではないかと考えられます．理由は，自分に体験がないため，自信を持って伝えられないからです．この傾向は年数が経過すればするほど強まっていきます．とても1000年間伝承できるとは思われません．このような学校教育における方法は知の保存であり，「保存」＝「伝承」の考え方の範疇に入り，古い伝承方法と考えられます．そこで，本計画では全国の若者が，津波が襲来した現地で津波の恐ろしさを自分で体験し，各自の地域に帰っていって，全国の皆さんに津波の本当の姿を「自分の体験をもとに，自分の口から，自分の言葉で自信を持って」伝えていくことにより，1000年間伝承の中味が薄まることなく，伝えていくことができると考えています．

すなわち，自分が体験することにより，自分自身が新陳代謝し新鮮な気持ちで自信を持って伝えられ，それを世代交代させることによって永く伝承可能になります．

◆ 津波伝承者の育成

本計画の最終目標は「津波伝承者の育成」にあります．育成は全国の若者（小学生，中学生，高校生）を対象に行ないます．現地で，津波体験を行った若者には体験した現地の市町村から「津波1000年伝承士の証」を与えたらどうかと考えています．若者に「津波1000年伝承士の証」を与えることによって，1000年間津波を伝承できるのではないかと考えています．若者が伝承していくためには学校はもちろん，地域の大人の人たちの協力も欠かせません．

第6章　津波伝承なくして 津波減災対策なし

◆ 1 000年伝承から生まれる副産物

　本計画は単に若者に 1 000年間津波のことを伝承してもらう計画のようにみえますが，この 1 000年伝承による計画は次のような多くの副産物を生むと考えています．

① 全国の若者の自助，共助についての防災意識が 1 000年間低下することなく維持できます．
② 若者（小学校，中学校，高校）は地域に根ざして生活しているため，若者の防災意識の向上は，地域住民の防災意識の向上に大きく寄与します．その結果，1 000年間地域の防災活動が低下することなく維持できます．
③ 現在，全国で地域防災活動が行われています．しかし，この活動も東日本大震災が落ち着けば次第に低下していきます．このことはこれまでの大震災後の経過からも認識できます．本計画はこれまで過去に繰り返されてきた防災意識の低下を食い止めるために大いに役立つものと考えられます．
④ 自分で体験した全国の若者が自分の地域へ帰っていって伝承するわけですが，体験から得た知識，経験をもとに，その地域に適した津波への対応策を自分の力で考え皆と一緒につくり上げる可能性があります．将来は決して暗くなく，明るいと思います．

● 「津波体験の場」の決定

　1 000年間津波を伝承していくためには，いつの世代でも津波の恐ろしさを体験できる「津波体験の場」が必要です．全国の若者がその「津波体験の場」で，自分で津波の恐ろしさを体験し，自分で感じたことを自分の言葉で多くの人々に伝えていくことが大切です．これまで行われてきた教科書的なマニュアルのような内容をコピー的に伝えるのでは，とても 1 000年間多くの人に伝えていくことは難しいと思われます．「自分で体験し，自分の口から，自分の言葉で伝える」ことが，世代が新たになっても新鮮さを失わないで伝承できる唯一の方法だと

思います.

「津波体験の場」としては津波被災地から選択するのが最もよいと考えています.

● **津波体験プログラムと施設計画**

「津波体験の場」を選定したからといって,若者に津波の体験を与えることはできません.若者に津波の体験をしてもらうためには,具体的な津波体験をしてもらうプログラムと実行のための施設が必要です.

◆ 伝承の方法

伝承の方法は前述したように,非常に単純明解です.その理由は,単純で明解なものでなければ1 000年伝承していくのは無理だと考えるためです.時代は変化します.伝承方法をその変化に対応していくのは大変難しいことです.時代の変化が伝承を妨げないようなものでない限り1 000年の伝承は無理です.そこで,本計画では1 000年伝承の方法として次の方法を採用しました.

---

1 000年伝承の方法
「自分で体験し,自分の口から,自分の言葉で皆に伝える」

◆ 津波体験プログラム

津波を実際に体験してもらうわけですから,実際に被災地の体験施設に来てもらうことになります.そこへ来る機会は修学旅行,研修旅行,学習旅行といろいろと考えられます.もちろん,個人的な旅行でも結構です.津波体験プログラムは,**図6.3.1**の手順に従って行います(図6.3.2参照).

津波体験プログラムは,次の4種について行ないます.

① 津波の高さ体験
② 津波の避難体験
③ 津波の力体験

第6章　津波伝承なくして 津波減災対策なし

図6.3.1　津波体験プログラムの実行手順

④ 津波の学習体験

上記4種の体験の詳細は次のとおりです．
① 津波の高さ体験

津波の高さ体験は，「津波高さ体験館」で行ないます．津波高さ体験館（海岸に建つ建物，鉄筋コンクリート造6階建て）の階段を自分の足で登ってみます．自分で登ってみることによって，3月11日の津波の高さ（4階の屋上まで津波が来た）が想像を絶するほど高いものであることを実感してもらいます．建物に登ったら外を見てみます．三つの1 000年伝承の燈台が見渡せます．その瞬間に自分たちが1 000年伝承者の1人であることを認識してもらいます．ここから津波体験はスタートします．
② 津波の避難体験

「津波高さ体験館」を降りたら，次に避難所まで歩いて避難します．避難は燈台②，燈台③の2か所（図6.3.2参照）について行います．そのときに担架などを用いて病人，非健常者の方などを助けながら避難する訓練を行ないます．避難の難しさを体験してもらいます．
③ 津波の力体験

津波は流体なので力を持っています．その津波の力を「津波1 000年伝承館」に設置されているプールに入ってもらい津波再現装置によって再現された津波を実際に受けてもらいます．津波の力が大きいことを,身をもって実感してもらい,津波の怖ろしさを体験してもらいます．

6.3 津波伝承をサポートするシステムづくり

この津波の力を体験することによって，津波が人間を死に至らしめる凶器になりうることを認識してもらい，個人個人の実体験を個人個人が皆に伝えてもらいます．

④ 津波の学習体験

津波の学習体験は，「津波1 000年伝承館」で行い，津波について詳細に学習します．教える人は，「津波1 000年伝承館」に所属する方々が行ないます．

◆ 津波体験施設計画

津波体験にはある程度の道具，すなわち施設が必要です．必要な施設は次の3種です．

① 三つの燈台
② 津波の高さ体験館
③ 津波1 000年伝承館

上記3種の施設が必要な理由は次のとおりです．

① 三つの燈台

三つの燈台の設置場所は**図6.3.2**のとおりです．

燈台①：1 000年供養の燈台（海へ流された方々の命を1 000年忘れない，供養するための光）

燈台②：目安の燈台（津波で逃げる目安の高さを示している光）

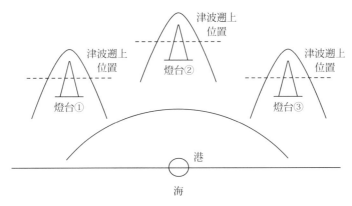

図6.3.2 三つの燈台の設置場所

燈台③：1 000 年伝承の燈台（1 000 年間，2011 年 3 月 11 日の津波を忘れないという誓いの光）

- 燈台の光と別に，燈台には「1 000 年の火」として火を灯します．
- 毎年 3 月 11 日に「1 000 年の火」のイベントを行ないます．
- 「1 000 年の火」は，毎年全国の小・中・高校に募集をかけます．
- 募集で集まった学校は，その地域から火を持ってきてもらい，その火を点灯します．「地域の火」が 1 年間灯されることになります．
- 1 000 年間絶やさず，毎年行ないます．
- 3 月 11 日には，それに付随したイベントも多数考えます．
- オリンピック年の 3 月 11 日は津波国際デーとして，国際的なイベントを行ないます．

② 津波高さ体験館

津波高さ体験館の位置を**図6.3.3**に示します．位置は海岸近くします．鉄筋コンクリート造 6 階とし，津波避難ビルの設計指針に従った強度とします．杭打ちをしっかりし，地盤の液状化に耐えるようにします．

津波高さ（約 18m）まで登ってもらいます．エレベーターはつけません．津波高さを各々自分で体験してもらいます．そうすることによって各自が津波の恐ろしさを忘れることができなくなるはずです．

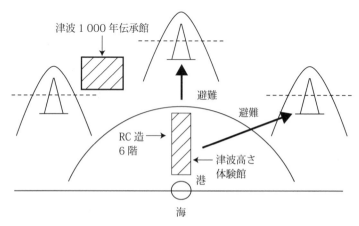

図6.3.3 津波体験用建物の位置

③ 津波1 000年伝承館

「津波1 000年伝承館」の中には，津波学習用スペースや津波の力体験用のプール（津波再現装置付き）を設けます．津波学習のための冊子をつくり，その冊子に基づいて2時間学習します．学習終了後「津波1 000年伝承士の証」を与えます．この伝承館の中には，津波に関するアーカイブスを設けます．

2) 若者の考え
● 伊勢湾台風から阪神・淡路大震災まで…

第二次世界大戦が終わった1945（昭和20）年から2011（平成23）年の東日本大震災まで，年ごとの自然災害による死者・行方不明者数の推移が**図6.3.4**に示されています．戦争が終わって十数年の間は，毎年のように犠牲者1 000人を超える大災害が起こっていました．地震や台風，豪雨によるものです．戦争の後ですから，堤防も気象観測設備も整備が遅れていました．1954（昭和29）年の洞爺丸台風では1 761人が犠牲になりましたが，このうち，1 155人は青森と北海道・函館の間を結んでいた青函連絡船の洞爺丸の沈没事故によるものです．

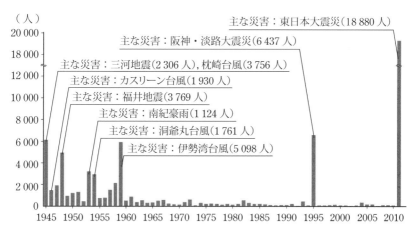

図6.3.4 自然災害による死者・行方不明者数

第6章　津波伝承なくして津波減災対策なし

これも現在のように気象衛星での観測ができていたら，免れた事故だったでしょう．その5年後，1959（昭和34）年の伊勢湾台風では，主に高潮によって5 000人を超える犠牲者を数えました．この伊勢湾台風による大災害により，日本の防災対策が根底から見直されることになり，1961（昭和36）年に防災の憲法ともいわれている「災害対策基本法」が制定されたのです．この伊勢湾台風では戦後ベビーブームの世代（団塊の世代と呼ばれています）が10～12歳のころで，多くの小学生も災害に巻き込まれ被災しました．これを見て，全国の小中学校が支援に立ち上がり，衣服などの救援物資が被災地に届けられました．

その後，伊勢湾台風から1995（平成7）年の阪神・淡路大震災まで34年間，日本では1 000人を超えるような大災害は幸いにも発生しませんでした．その間，経済の高度成長が続き，資金も潤沢でしたので，防災対策は「公助」が中心という風潮が広まっていました．そこに，震度7の阪神・淡路大震災が発生したのです．家々の全半壊は20万以上に上り，6 000人を超える犠牲者を出しました．大変多くの人が倒壊した家や家具の下敷きになりましたので，消防や警察・自衛隊だけでは手が回らないのは当然で，救助が必要だった人の3/4は家族や近隣の住民により助け出されたのです（**図6.3.5**）．また，災害後の避難所生活，まちの復旧復興も大変でした．この阪神・淡路大震災の経験で，公助だけでなく，自助や共助も加えた防災対策を行うことが大切という認識が広がってきたのです．また，小中学校の多くが避難所になりましたので，多くの子どもたちが助け合うことの大切さを，身をもって経験したのです．

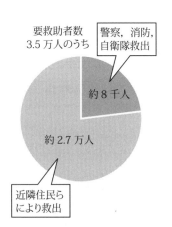

図6.3.5　阪神・淡路大震災において誰に救出されたか

● 若者たちによる防災教育・防災活動の発表会
― 1.17 防災未来賞「ぼうさい甲子園」

　そうして，阪神・淡路大震災の後，若者たちが取り組む防災減災活動の発表会「ぼうさい甲子園」が開かれるようになりました．子どもや学生が学校や地域で取り組んでいるさまざまな防災教育や防災活動を対象に全国から応募を受け付けています．審査結果の表彰・発表会は，当然，甲子園と名づけられているのですから高校野球と同じように，兵庫県で開催されています．こうした取り組みとしては先駆けともいえるもので，阪神・淡路大震災から 20 年経過した 2015 年には 10 周年を迎えました．この 10 周年記念事業の一環として，2014 年秋に，歴代受賞校の卒業生有志が集まり「防災未来宣言」なるメッセージを作成し発信しています．若者の考えとして，紹介します．

● 防災未来宣言
― 100 年後のいのちを守る未来に向けたメッセージ

① あたたかいご飯，ゆっくりと眠れる家に感謝し，"あたりまえ" を大切にします．

② 自分事として災害の事実と向き合い，伝えます．

③ 人，仲間，地域，社会，そして，自然．かけがえのないものとつながり，深めていきます．

④ 生きる意味を考え，自ら判断する力を育み，共に動き続けます．

⑤ もしもの時も，「絶対に生きる」強い意志を持ち，"いのち" を守り抜きます．

⑥ 自分のいのち，仲間のいのち，家族のいのちを大切にする防災活動を広げます．

● 津波に関する中学生の取り組み
― 地域に貢献する中学生の防災活動

　徳島市立津田中学校では，2005 年から総合学習の一つに防災講座

が設けられています．受講する生徒たちは町へ出て地域の人々と関わり，さまざまな防災活動を行うようになりました．2011年には，3年生の約30人が住民約2 000人の防災意識を調査し，わかりやすい報告書にまとめて飲食店や銭湯など50か所に掲示しました．調査の一方で，町の人たちの防災への意識や要望なども明らかになっていきました．

東日本大震災では津田中学校にある徳島市にも大津波警報や避難勧告が出されましたが，調査の回答で避難したという人はわずか2割でした．「災害があっても人はすぐに忘れてしまう．津波が起きたら，すぐ避難だと思い出せるような掲示板をつくろう」と，生徒たちは津波避難支援マップづくりに取り組みました．地域の人々や消防団の人たちと実際に町を歩いて，避難場所や避難ルートなどを調べました．こうしてつくり上げた津波避難支援マップは，現在大型看板となって町内に設置されています．

このように自分たちでつくる防災マップは，住民が参加することで防災意識の向上につながります．また防災という視点で町を再点検することにより，地域の特色や課題もみえてきます．中学生たちの防災活動が，町全体の防災意識を目覚めさせると同時に，地域の防災力も高める結果となりました．

写真 6.3.1 自分たちの考えた復興まちづくり案を発表する生徒

さらに遂には「事前復興まちづくり計画」に取り組むことになり，2015年の「ぼうさい甲子園」では8回目の受賞となる中学生部門優秀賞を獲得しました（**写真6.3.1**）．地域住民から得た500件のアンケート結果を参考に津田地区の震災復興に伴うまちづくり案を5班に分かれて作成し，その提案発表会を開催したのです．復興

計画をつくるにあたって「地域住民の合意形成」が大切な要素となることは，東日本大震災で痛烈に思い知らされました．大人ばかりでつくろうとするとエゴが出てきます．若者が中心になってつくったピュアな事前復興計画は地域住民にとって貴重な経験になるでしょう．若者に期待する点は，まさにこのピュアさにあります．

● 高校生による津波模型の出前実演
— 子どもたちの防災減災意識がやがて実を結ぶ

　岩手県立宮古工業高等学校では，2005年から津波模型の製作を始め，地元の小学校などで出前授業をしてきました．紙粘土やベニヤ板で実際の地形の縮尺版をつくり，色付きの水を流して津波の浸水状況を再現するのです．実演は2014年7月現在で100回を超え，宮古市や山田町など沿岸部の模型も11基にのぼりました．

　東日本大震災では出前授業を受けていた子どもたちの適切な避難につながったと高い評価を得ました．これからは南海トラフ地震津波の地域にもということで，2014年の夏休みには大阪・四国遠征も行いました．**写真6.3.2**はその折に，「人と防災未来センター」で実演したときの様子です．

　高校生により教えられた児童や生徒だけでなく，互いに啓発され合う高校生自身がやがて大人になり，自分の家，まちづくりに携わることになるのです．300年，500年，1000年と津波に負けない建物やまちに変っていくためには，次に大人になる世代がこうして背負っていくのだと思います．

写真6.3.2　大阪市の子どもに向けての津波模型の実演

第7章
世界へのメッセージ

7.1 防災減災力を高めるために連携しよう（河田惠昭）

聞き手：田中礼治・橋口裕文

——津波災害での犠牲者は，日本の東日本大震災では約2万人ですが，インドネシアのインド洋大津波では20万人を超えています．どうしてこのような差がでるのでしょうか．

　はっきりしているのは，20世紀ころから住民がどんどん海岸近くに住むというトレンドが世界的に起こっているからです．海岸から

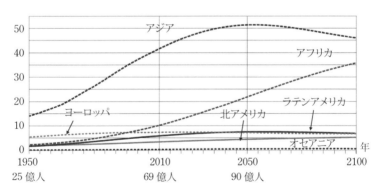

世界の人口は，1950年25億人から35年後には倍増し，2010年には69億人となった．100年後の2050年には4倍近い90億人と予測されている．特に，アジアは50億人を超え，アフリカは2010年10億人から増え続け2100年には36億人に達する見通しとなっている．

図 7.1.1 世界の人口推移（UNFPA 世界人口白書2011より作成）

100 km 以内に非常に多くの人が住むことが，局所的でなく世界的に起こっているのです（図 7.1.1）．ですから昔と同じような津波であっても，人がたくさん住んでいるところは被災者が多いということです．例えば 869 年の貞観地震は，東日本大震災を起こした東北地方太平洋沖地震と同じ規模ですが，あの時代，日本の人口は 650 万ぐらいですから，人が住んでいないところに津波がきた形になっています．ですから，津波がやってきてもほとんど被害がでていないということで，英語でいうところの「ハザード」(危険) であって,「ディザスター」(災害) でないということでしょうね.

—— 北アメリカの太平洋岸ですが，過去に大きな津波が襲ってきたことが最近になってわかったそうですが，今は海岸沿いというかビーチ間近まで家々が立ち並んでしまっています．

　大きな津波が来たのは西暦 1700 年の 1 月ですから，インディアンと呼ばれた先住民しか住んでいませんでした（図 7.1.2）．インディアンは文字を持っていませんから，満月の夜に大きな波がやってきて，部落のテントがたくさん流されて，人が死んだという，口伝えのそういう話が残っていました．それがたまたま日本に津波がやってきたという記録が江戸と静岡で残っていまして，逆算すると時刻までわかったのです．その後，シアトルの近くで海岸近くをボーリング調査すると，5 回も大きな津波が来たことがわかり，その発生間隔は 300〜350 年だったのです．1700 年から 300 年経っているので，今，おおわらわでアメリカのアラスカ州とワシントン州，カリフォルニア州，オレゴン州，ハワイ州の五つでコンソーシアムをつくって，ゴアが中心となって対策を検討しています．問題は，アメリカの人は歩いて逃げないで，皆，車で逃げますので，そこに難しさがあります．すぐに渋滞が起きてしまうでしょう．しかも，アメリカ合衆国ができてから，カナダもそうですが，そんな大津波は起こっていないですから，いわゆるウォーターフロントがものすごく活用されています．まさに海に接してまち

7.1 防災減災力を高めるために連携しよう

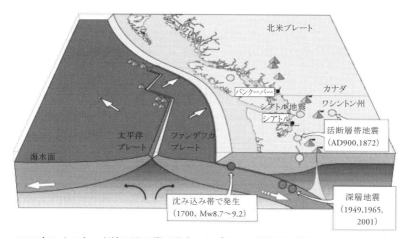

1700年にカスケード沈み込み帯で発生したプレート間地震．推定モーメントマグニチュード（Mw）は8.7〜9.2．カナダのバンクーバー島から，米国カリフォルニア州北部に至る，太平洋岸北西部沿いのファンデフカプレートにおいて発生した．断層の破壊は1 000 kmの範囲にわたって発生し，平均の滑り量は20 mであった．この地震の津波は日本の沿岸部まで到達し，被害を与えた．

図7.1.2 カスケーディア地震（1700）と北米西海岸の地震

ができていますので，とんでもない災害になると危惧されています．

―― この数十年の間に世界中が車社会になってしまいました．津波減災防災から車の問題をどう考えられていますか．

　津波防災対策を考えるとき，住民と行政が決めごとをするわけですが，そこで決めたことを守るのであれば，避難に車を使うことは可能です．ところが実際は車を使わないと言っている人がいざというときに車を使うという例が多いので，そういうことであれば，車で避難することはとても危険だということです．

　ただ，足が悪いとか色々ハンディキャップを持っている方が高齢化社会でどんどん増えています．その人たちは車でしか避難できないので，地域ごとにきちっと，約束事を決めないといけません．まったく使ってはいけないということではないと思います（**写真7.1.1**）．

第7章 世界へのメッセージ

写真 7.1.1 「平野部での人口集中と車社会」が津波避難対策の課題

── 南海トラフ巨大地震などによる津波のとき，高齢者などが車を使って逃げるのはどうでしょうか．

　事前の被害想定はとても正確だと思ってよいと思います．第1波の津波が地震の後，何分後に来るかといった事前の想定は非常に正確なのです．これは海の深さで決まりますから．そうすると車で逃げることが可能なのかどうか，事前にわかるわけです．だから十把一絡げに駄目だとかいいとかではなくて，地域ごとに活用できるところとできないところがあるということをまず知って，できるところであれば，車を活用したらよいと思うんですよ．

── 津波が何分後にどれぐらいの高さで来るというのは，日本ではどんどんわかってきていますが，世界的に，例えばインド洋などでは，解明が進んでいる状況なのでしょうか．

　そういう正確な推定ができるのは，実は限られています．海図といって海の深さを計った地図が推定には必要ですが，途上国の周辺はいまだ第二次世界大戦前後のものしかないところも多いのです．パプアニューギニアとかインドネシアやフィリピンなど，特にその深いところの海底地形が正確に計られていないので，スピードがわからないの

です．平均速度はわかるのですが，浅いところにきて遅くなる議論はなかなかできにくいと思ってよいと思います．

　日本の場合は，精度の高い海図がありますので，津波の伝播速度が決まります．ですから，日本の場合は正確なのですけれど，これはむしろ例外で，いまだ途上国周辺では分単位の計算は無理だと考えないといけないと思います．今後，国際的な協力のもと，海底の解明が進めばと期待しています．

── 南海トラフ巨大地震の被害想定では，最大犠牲者は 32 万人です．しかし先生は 32 万人全員の命が助かることも可能だとおっしゃっていますが，世界的に同じような目標を持つことは可能なのでしょうか．

　そうですね，津波に関する一般的な知識がなくて，ただ避難するだけでは難しいかもしれません．ですから，知識を増やして，避難を有効にすることを考えたらよいと思うのです．

── 21 世紀になっても，どんどん海岸線に人が住んでいます．この傾向は，アメリカ人だけではありません．景色がよいところに住むとすごく生活が楽しいわけです．しかし，津波の警戒区域でも住んでもいいものでしょうか．

　日本では海の目の前に住んでいる人はいないのです．砂浜とか礫浜があって，松林があって，海岸堤防があって，そこに道路が通っていて，その背後に市街地が展開しています．一方，家の裏はすぐ山であったりしますので，広島のような土砂災害が起きます．だから土砂災害が起こったら防ぎようがないのです．津波の場合は，直接海から住宅に津波が押し寄せるというよりも，緩衝するところがあるわけです．そこをきちっと整備したらいいと思うのです．だから粘り強い堤防にするとか，あるいは松林は少し盛土した上につくるとか，それから道路を盛土にして少し二線堤の役割を果たさせるとか，土地の利用のしかたを変えれば，住居があっても津波に対して弱いというわけにならな

いと思うのです．家だけで守ろうとすると大変なので，複合的な考え方が有効だと思います．

　緩衝地帯があれば，海岸線であっても，10 m の津波を 5 m に抑えることもできます．深さと速さを小さくすることは可能ですので，そういうこととの兼ね合いで住宅をつくっていくということでしょうね．

—— ニューヨークのハリケーン・サンディ（**写真 7.1.2**）の被害地域やオーストラリアの海岸など，波打ち際にたくさんの方が住んでいますが，どのようにお考えですか．

　民主主義の進んでいる国というのはすべて自己責任ですから，危険を承知で住んでいると思います．ですから，崖の端っこに家を建てて，なぜそんなところに家を建てているのかといったらサンセットが見たいと…．そういう景観を日常的に楽しむというのであれば，それは危

先進国の大都市を初めて襲ったニューヨーク都市圏大水害は東日本大震災の約半分 8 兆円にのぼる被害をもたらした．写真は米国ハリケーン・サンディに関する現地調査報告書（国土交通省・防災関連学会合同調査団）の表紙に使われたものである．

写真 7.1.2　2012 年 10 月ハリケーン・サンディによる
　　　　　　　米国ニューヨーク高潮被害

険と隣り合わせですが，ご本人が納得していれば，そこに住んでもよいというのが欧米先進国の考え方ですね．日本も自己責任の原則でやりたければやってもいいけれど，それは，あなたの責任の範囲ですよということです．そういう時代が必ず来ますが，そのときに自分の命は自分で守るということがどこまでできるかで，「そういうことをしようとする人」と「やめておこうとする人」に分かれると思います．すべてをどっちかにするということは不可能だと思います．

　ですが，やはり異常な外力に対して，「それを承知で住む」というよりは，「被害を軽減するために，住み方とか住宅を工夫する」のが普通だと思いますね．対策をしながらある種の備えを事前にやっておくという時代が来ているということです．

―― **水害では，建物が流されなければ，掃除してまた住むことが多いように思います．ですが，津波については，建物がどの程度ダメージを受けても良しとするかという基準がないですね．**

　水にどっぷり浸かるだけだったら，危なくないのです．だから，スピードをどこかで抑えることが必要です．抵抗があれば，スピードが鈍りますから….

―― **建築と津波の関係ですが，今までは 0 か 100 かでした．全く駄目か，何も問題ないかです．しかし，津波が来たら逃げるけれども，その後，清掃してもう 1 回住むということも考えられます．そういう 50 の建物でもよいということもあるかと思います．**

　そうですよ．例えば，内水はん濫では高いところに逃げれば，皆助かるのです．道路歩いて，避難所へ行くほうが危ないのです，浸かるだけですから．内水はん濫と外水はん濫の違いは，流速がほとんど内水の場合は考慮しなくてもよいということです（**図 7.1.3**）．津波も高潮も浸かるのだけれども，流速があり，しかも流木とか色んなものが一緒に混ざって来るというところがいけません．だから，家が壊れな

第 7 章　世界へのメッセージ

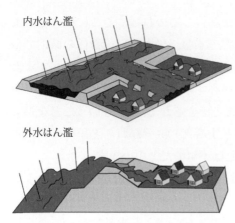

内水はん濫
その場所に降った雨水や周りから流れ込んできた水が吐けきらずに溜まるという洪水．
川の水位が何mに達すれば警報を出すなどの対応が難しいため，注意が必要．

外水はん濫
大雨の水が川に集まってきて水かさが増し，堤防などを越える，あるいは堤防などを決壊させて川の水が川から外にあふれ出るという洪水．
あふれた水は勢いよく流れだし，家屋などを襲います．

図 7.1.3　内水はん濫と外水はん濫，違いは水の勢い（和歌山県美浜町防災 HP より）

かったら，水しか来ないではないですか．家が壊れると，壊れた物と一緒に流れて来るから破壊力がさらに大きくなるので，例えば，海から近いところに順番に建物の規制をしていったらよいと思うのです．同じ木造でもつくり方を変えるとかです．

―― 津波に関しては 0 か 100 で考えてしまうのではなくて，建築屋としては，これからは 50 も考えられるという概念で，建物もその在り方を提示していくことも重要かと思っています．例えば，火災に対してのまちの安全率としての指標に不燃領域率というものがあります．100 軒のまちで 30 軒しか不燃建物がない場合，そのまちは火災に危険と判定され，これが 70 軒まで改善すれば，安全性が飛躍的に高くなると判定されています．津波でも同じように，まち全体にそういう流れない堅固な建物が数多くあると流速をぐっと抑えますし，瓦礫も減ってきます．まちの耐浪化率というものが上がるにつれて，堅固な家の後ろの家の多くが助かると思います．

　そのとおりです．住宅もそうですが，まちづくりをきちんとやらなければなりません．海岸に直接，住宅街が面しているのはとても危険ですから，少しひいて，その間のセットバックを公園にしたり，工場

にしたり，工場も土台をコンクリートして，防波堤の役割をするような形にするとか，色んなやり方があると思います．

例えば，今一番困っているのは藤沢ですよ．1703年に江戸を襲った元禄地震のようなプレート境界地震が起こったら，その津波は大変なものです．海岸の国道に沿って，藤沢のような地域では，鉄筋コンクリートの集合住宅を建てていけば，それが二線堤になってくれます．やはり，まちづくりと住宅建設を一緒にする必要があります．住宅は住宅，まちづくりはまちづくりで別々にやっていると難しいのです．

土砂災害防止法の改正がされましたけど，やはり山際にも海岸のようなバッファー（緩衝地帯）をつくらなくてはいけません．そこを公園にするとか，そして県営や市営の住宅をつくるのであれば，1階はピロティにして，ガレージにするとかです．そうすれば，津波と同じように二線堤としての役割を果たします．

—— **世界へのメッセージをお願いします．**

21世紀に入り，地球温暖化現象も一つの要因かもしれませんが，気象災害も激甚化の傾向がみられます．2012年のハリケーン・サンディはニューヨークに大きな被害をもたらしましたが，中でも，高潮による被害が大きかった．翌2013年のフィリピン・レイテ島でもスーパー台風による高潮災害で死者・行方不明合わせて8 000人近い犠牲者を出しました．高潮は津波と大変似通ったところがあります．

地震に対してはその場で揺れを受けてしまうわけですが，津波・高潮には避難が求められます．そのため被害の大小は，人為的な側面が強いのです．

津波・高潮災害に対する防災減災を考えるには，土木・建築の垣根を取り払い，文理融合した多角的な取り組みが必要です．それぞれの地域，また国々で慣行や制度は違いますが，各地域，各国が防災減災での交流を深め，それぞれの取り組み方を比較することにより，現状を打破し，さらなる対策の高まりを期待することができます．私の世

界へのメッセージは，「地域の防災減災力を高めるために，連携し合いましょう」ということです．

7.2 大災害の教訓を世界で共有しよう（和田 章）

● 我々はもっと助けたかった ── 日本建築学会の思い

　これは，日本建築学会の会誌「建築雑誌」2014年10月号の特集記事の表題です（**図7.2.1**）．副題が「安心して『住む』ために構造ができること」となっています．ずっと，建築構造をやってきて，東日本大震災から4年近く経った今，これが本当の気持ちです．

　これは「建築雑誌」で対談したときの私の気持ちの吐露です．東日本大震災を経て，現在強く感じているのは，阪神・淡路，そして，2004年と2007年の中越と中越沖地震があり，これらがそれまでの想定を超える大きな揺れによる地震であったために，私たちは，揺れへの対策がまだまだ必要だと考えすぎていたのではないか，ということです．そんなところにこのたびの大津波が来てしまった．そんな気がしているのです．今から50年ほど前の1966年に科学技術庁が制作した「大地震への心得」という市民向けの小冊子がありますが，そこには11の心得が記されていて，その8番目に「海岸では津波，低地では浸水に注意」ということがはっきりと書かれています．今回の地震では，防潮堤もないような海岸に近いところの無数の家屋が流されました．明らかに津波が襲うところに，いくら耐震設計が行き届いた住宅を建てても無意味です．揺れと津波，どちらか一方を考えてもダメだということです．私は，ずっと建築構造をやってきました．日本の建築構造の設計にとって，耐震構造は最大のテーマでしたが，今回の大津波を受けて考えが偏っていたことを思い知らされました．

● 災害というのはほとんどの場合が人災です

　アメリカで「Disaster by Design（ディザスター・バイ・デザイン）」

という本が出版されています．ようするに災害（ディザスター）は設計の至らなさの結果起こる，要するにほとんど人災だということです．日本国土のどこに住むか，どこで産業を興すか，津波ための防潮堤の高さも橋の強さでも，もちろん建築の強さも，行政やエンジニアをはじめ，みんなで選んだりデザインし，決断しているわけです．この Design がきちんとできていないから，Disaster が起きるのです．また，似たようなタイトルで

図7.2.1 建築雑誌の表紙

「Resilience by Design（レジリエンス・バイ・デザイン）」という報告書も，アメリカで出版されています．都市計画から土木構造物，建築も含めてきちんと設計して，まちや都市や国をレジリエンスにしましょうということです．このように考えると，つくった物で人を殺さない，まちが回復するかどうかも設計次第ということです．この意味でも，津波が来るとわかっている海岸に，流されそうな，また，水没してしまう建物やまちをつくるというのは，「Disaster by Design」ということになり，起きる災害は人災だということです．

● **津波が来る海岸線では高い建物を建てて住むという文化を考える**

漁業を生業としているまちがあります．このようなまちは湾の奥に位置していますので，津波が襲うと，津波の高さも高くなる傾向にあります．予想される津波の高さが5mを超えれば，平地はほとんど何も残らないでしょう．港の近くに住むためには，レベル1の津波に対応するとしても，かなり高い防潮堤の建設が必要ですし，それだけではなく，高台移転や嵩上げということになります．このような議論をしているうちに，近くに逃げ込める裏山があるから命は助かる，家が

流されてもよい，だから海辺に住みたいという人が出てきます．建築規制があっても，罰則がなければ，住もうとする人が出てきます．

例えば，漁業を生業とする人たちが，津波に流れず耐えてくれる高層の建物に住むことを受け入れるかどうか，もしこれが可能なら，命を防ぎ，建物も片付ければ使えます．大きな防潮堤は不要で，10mを超える土盛りも必要ありません．先祖が木造平屋に住んでいたからといって，子孫は同じ住み方をしなくてもよいといえるかどうかにかかってきます．東日本大震災の被災地全部とはいいませんが，防潮堤と土盛りはほどほどにして，先に高層住宅を建設する方法もあったと思っています．震災後すぐに取りかかっていれば，まちは復興していたでしょう．世界に目を向けてみますと，例えば，香港やシンガポールの海辺は高層建物が立ち並んでいます．かつては低層の木造建築に住んでいたはずですから，今と同じではありません．住む人々の大半は，まちが様変わりしたとしても，故郷を感じる気持ちは変わらず，自分たちのまちを誇りとしています．ハワイのワイキキ海岸も高層建築ですし（**写真 7.2.1**），日本では熱海の海岸も，こちらは住宅だけではなくホテルもありますが，高層建築です．要は，暮らしを成り立たせる

写真 7.2.1　ハワイのワイキキ海岸

工夫が大切だと思います．このようなアイデアは震災後にいろいろな媒体で主張しましたが，残念ながら，実現していません．

　津波に耐える建物の原則は単純といえば単純です．地震に強いだけでなく，流されないためには，重くなければなりません．もしくは，ピロティ建築のように，津波の力を受けにくいようにすればよいのです．人々の命を守るためには，いずれも，十分な高さを必要とします．高層であればあるほど，絶対的な重量も増すため，津波に耐えるともいえます．今の技術をきちんと活用しつつ，海岸線に安全に安心して住むことを新しい文化ととらえ，この文化を今一度受け入れることを考えることが必要だと思います．これは日本も世界も同じことです．

● 世界に目を向けると，災害を忘れるなんてできません

　地域ごとに考えていると，大地震また大災害は数百年に1度起こるといった稀なものですので，時間経過とともに，その教訓が忘れられてしまうといったことがあったかもしれません．特に大津波の場合は，一生に1度経験しない人もいます．ところが，インターネットも普及しましたから，この百年に地球全体で起きたことを知り，情報や知恵を共有することが容易な時代となりました（**図 7.2.2**）．世界のどこかで発生している大災害の教訓を世界で共有していくことが，災害を忘れないということに通ずるものと思います．常に世界に目を向けていれば，災害を忘れるなんてできません．1923年9月1日に起きた関東大震災のころには日本にラジオはありませんでした．NHKは1925年に開局されています．必ず襲ってくる次の自然の猛威に耐えられるまちをつくり，都市をつくり，国をつくっていかねばなりません．

第 7 章　世界へのメッセージ

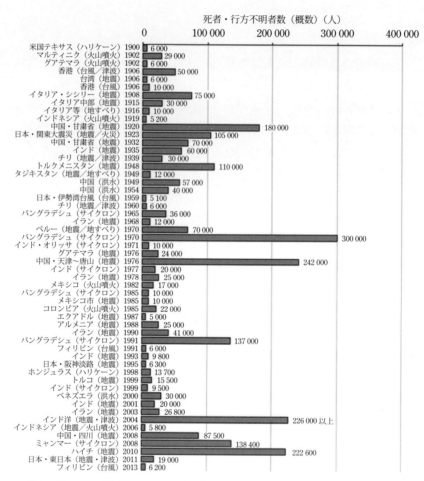

（注）死者・行方不明者数 5 000 人以上の自然災害を表示
（資料）内閣府「防災白書」（平成 26 年版ほか）

図7.2.2　世界の主な自然災害の状況

「東日本大震災の教訓を後世に残すことを考える勉強会」について

■設立趣旨

　東日本大震災では，多くの被害を受けた．このような悲劇は二度と繰り返してはならない．そのためには，東日本大震災の教訓を後世に伝えていく必要がある．本勉強会は，東日本大震災で大きな被害をもたらした津波被害について検討し，津波減災の具体的な方法を後世に残し，日本並びに世界を津波から救うことを設立主旨としている．本勉強会で検討する項目は，次の2項目である．

① 建築物を用いた民間投資を活用した津波減災対策に関する検討
② 津波減災対策を促進するための津波防災意識の向上と継続に関する検討

平成26年10月吉日

発起人一同

■会長，発起人代表および顧問

【会　長】
和田　章（わだ・あきら）
東京工業大学名誉教授
前日本建築学会会長（2011-2013）工学博士
日本学術会議会員
東日本大震災の総合対応に関する学協会連絡会議長
日本免震構造協会会長

「東日本大震災の教訓を 後世に残すことを考える勉強会」について

【発起人代表】
河田惠昭（かわた・よしあき）
関西大学社会安全学部教授・社会安全研究センター長
京都大学名誉教授　工学博士
阪神・淡路大震災記念 人と防災未来センター長

【顧　問】
秋葉賢也（本勉強会顧問）
衆議院議員 宮城2区
前東日本大震災復興特別委員会委員長
元復興副大臣

民間建築物まで対象に入れた津波減災への取り組みは，今まで，あまり成されてきませんでした．民間の実情に合わせて，より多様で果敢な減災対策が展開できるようになることを期待しています．いずれにしても，成果は「産・官・学・民」の連携の下に実を結ぶと考えています．宮城県選出の私の役割は，この「産・官・学・民」の協働をプロモートしていくことだと心得ております．ぜひ，皆さまのお力を貸して頂きたく，お願い申し上げます．

■事　業

　本勉強会の事業はすべて日本および世界を津波から救うことを目的としています．
　① 建築物を用いた津波減災対策促進事業
　② 津波減災対策を促進させる津波防災意識の向上と継続に関する事業

■会員・参加方法

　本勉強会は，会員により構成されています．本勉強会の主旨に御賛同いただける方は，どなたでも会員として御参加できます．御参加をご希望の方は「ホームページ」の「会員の参加方法」を御覧ください．
　会員の皆さんと一緒に世界に向って，日本の建築技術を活用した津波減災対策

を声高に具体的にアピールしていきたいと考えております.
　入会を御待ちしております.

■発起人紹介

阿部　勤（あべ・つとむ）	建築家，株式会社アルテック
五十嵐太郎（いがらし・たろう）	東北大学大学院教授工学研究科教授
石川善美（いしかわ・よしみ）	東北工業大学副学長，ライフデザイン学部客員教授
五十田　博（いそだ・ひろし）	京都大学生存圏研究所教授
今村文彦（いまむら・ふみひこ）	東北大学災害科学国際研究所所長
河田惠昭（かわた・よしあき）	関西大学社会安全研究センター長，京都大学名誉教授
幸田　雅治（こうだ・まさはる）	神奈川大学法学部教授，日弁連災害復興支援委員会
柴田明徳（しばた・あけのり）	東北大学名誉教授，東北文化学園大学名誉教授
柴山知也（しばやま・ともや）	早稲田大学理工学術院教授
志村真紀（しむら・まき）	横浜国立大学地域実践教育研究センター准教授
末岡　徹（すえおか・とおる）	前地盤工学会会長，地盤品質判定士協議会理事
菅原昭彦（すがわら・あきひこ）	内湾地区復興まちづくり協議会長，気仙沼商工会議所会頭
鈴木計夫（すずき・かずお）	大阪大学名誉教授，元福井工業大学教授
武　佑次郎（たけ・ゆうじろう）	新海浜都市構想研究会，株式会社タケケン
田中礼治（たなか・れいじ）	東北工業大学名誉教授，前日本建築学会東北支部長
谷口和也（たにぐち・かずや）	東北大学教育学部教育学研究科大学院准教授
辻井　剛（つじい・つよし）	元日本建築構造技術者協会副会長
永井達也（ながい・たつや）	NPO法人住環境ネット前理事長
中田慎介（なかた・しんすけ）	高知工科大学名誉教授，地域連携機構連携研究企画室長
西脇智哉（にしわき・ともや）	東北大学大学院工学研究科准教授
野口　博（のぐち・ひろし）	静岡理工科大学学長

松冨英夫（まつとみ・ひでお）　　秋田大学大学院工学資源学研究科教授
丸山久一（まるやま・ひさいち）　長岡技術科学大学名誉教授
三橋博三（みはし・ひろぞう）　　東北大学名誉教授，
　　　　　　　　　　　　　　　　日本コンクリート工学会会長
宮原育子（みやはら・いくこ）　　宮城大学事業構想学部事業計画学科教授
村上仁士（むらかみ・ひとし）　　徳島大学名誉教授，瀬戸内海研究会議理事
室崎益輝（むろさき・よしてる）　神戸大学名誉教授，
　　　　　　　　　　　　　　　　兵庫県立大防災教育センター長
源栄正人（もとさか・まさと）　　東北大学大学院教授，日本建築学会東北支部長
山谷澄雄（やまや・すみお）　　　弁護士，宮城県災害復興支援士業連絡会会長
渡辺浩文（わたなべ・ひろふみ）　東北工業大学工学部長，建築学科教授
和田　章（わだ・あきら）　　　　東京工業大学名誉教授，前日本建築学会会長

■事務局
「東日本大震災の教訓を後世に残すことを考える勉強会（略称：津波建築勉強会）」
事務局
一般社団法人　日本津波建築協会
〒108-0014 東京都港区芝5丁目26番20号建築会館（4階）
TEL 03-6435-4670　FAX 03-6435-4671
E-mail　ntsuken@nifty.com
URL　http://tsunami-kenchiku.or.jp/

担当
田中礼治（東北工業大学名誉教授）
E-mail　rtanaka@tohtech.ac.jp
橋口裕文（大成建設ハウジング株式会社）
E-mail　hashiguc@house.taisei.co.jp

座 談 会

日　時：2014.8.8（金）10：00 〜 11:45
場　所：六本木アカデミーヒルズ 49
出席者：河田惠昭（関西大学社会安全研究センター長，京都大学名誉教授）
　　　　和田　章（東京工業大学名誉教授，前日本建築学会会長）
　　　　末岡　徹（前地盤工学会会長，地盤品質判定士協議会理事）
　　　　田中礼治（東北工業大学名誉教授，前日本建築学会東北支部長）
　　　　橋口裕文（大成建設ハウジング株式会社顧問）

● はじめに：建築だけを考えているわけではない，歴史と文化を守りつつどうするかだ

【和田】「まず，防潮堤をつくって，土盛りして，昔のような町や村をつくる」というだけが今の時代の答えなのかと疑問を感じています．ただ，東北地方には歴史や文化もありますから，東京のやり方を強引に持ち込んではいけないので，そうした歴史・文化を守りつつ，次の震災ではあまり逃げ惑わないですむ方法はないのか，ぜひ河田先生のお話をお伺いしたいと思います．

● 食べていけるまちづくりが大切，建物に的を絞って議論することはよいことだ

【河田】2014年11月に土木学会は100年を迎えますが，最近は，プライドがないというか，国をつくっているという気概が仕事に表れていないという感想を持っています．防潮堤や高台移転の問題も，もっともっと考えなくてはいけないのに．要するに，食べていけるまちをつくらなければなりません．防災だけ考えても，食べていけなかったら，そこに人は住めません．19年前の阪神・淡路大震災もそうですが，被災者を真ん中において議論するという，そういうスタンスが，災害にどう備えるかというときにとても大切なことです．ですから，ここでもあまり広げずに，建物というところを中心に持っていく議論はとてもよいことだと思います．広げてしまうと，結局，発散してしまって，あれもこれもということになって，いろんなことが書かれてあるけれどもインパクトがないということになります．ですから，建築でいいと思いますよ．

● 東日本大震災は将来に向けて防災減災対策を切り替える転機だと思う

【河田】アメリカは今，ハリケーン・カトリーナとサンディーの後のまちづくりをしていますが，日本のように山がすぐあるわけではないの

で，皆，ピロティの建物で対処しようとしています．基本的には自己責任の原則ですから，ピロティの高さが全部違います．お金のある家は頑丈で高いピロティで，そうでないのは，気は心みたいな，といった風です．日本もそういう風に持っていかないと…．号令かけて一斉に同じ基準でなんとかといった時代ではありません．文化というのはそういうものです．東日本大震災というのは，防災減災対策をきちっと将来に向けて切り替える転機だと思っています．

● 防災減災は事前にどれだけ準備できるかが問われる，もっと真剣味が必要だ

【河田】実は，明日発売の文藝春秋9月号に防災について10頁原稿を書きました．リニア中央新幹線の始発駅をもう一度考え直せと書いたのです．品川にすると，さらに一極集中が進みます．政府は一極集中を何とか是正すると言いながら中身を伴っていません．駅をどこにするかはJR東海一企業の問題ではありません．元々，リニアはナショナルプロジェクトとして始まったもので，1987年民営化によって，JR東海に仕事がいきましたが，元来，国土のグランドデザインの問題です．もっと皆で議論をしないといけません．

防災減災というのはいつも起こってから，「まずかった」「これからこうしなければならない」といったことになります．そうではなく，首都直下，南海トラフのことを考えると，「事前にどれだけ準備できるか」ということが問われています．二度と想定外を起こさないためには，今がそれを切り替える一番いい機会といえます．

太田大臣が，JR東海に国はこのまま許認可すると表明しました．トンネルが86％あるので，ズリをどうするかという環境ア

セスメントは残っているのですが．

　東京一極集中はいけないといいながら，それを是正する方向ではありません．また，品川と羽田空港を結んだラインがアジアをターゲットにした特区構想で動こうとしているというのでは，矛盾だらけです．首都直下地震が起こることは戦争が起こるようなものですよ．これは国家安全保障の問題で，起これば GDP の 40％ がやられます．そうなれば日本は先進国から脱落します．そういう問題があるのに，能天気というか，東京オリンピックが 2020 年にあるから，そっちのほうに明るい話題で持っていこうとしています．それはとても危険です．50 年前の東京オリンピックのときとは違います．首都直下特別措置法までつくって，国土強靭化法をやろうというときに，片方で脆弱になるような矛盾したことを政府がやろうとするのはどうか．もう一度考え直して欲しいと書きました．内閣府の任期は来年 3 月までなので，これが最後だと思って，専門家として，言うべきことは言っておかないと後悔すると思いました．

【和田】 河田先生がおっしゃるように，首都直下地震が起こったら，まさに戦災といったことになりますね．GDP の 40％ といったら国家予算の倍ですからね．

【河田】 大体，計算すると 200 兆を超えるのですよ．政府は 95 兆で国家予算の範囲内と言っていますが．想定外を起こしてはいけないと言っているのに，元禄地震のような地震は 2〜3 千年に 1 回だから起こらないといった矛盾したことも言っています．今，考えないといけないのは，東京オリンピックの最中に地震が起きたり，大型台風が来ることです．それには準備しておかないと．誰でもいやなことは考えたくないのですが，どこかが考えておかないといけません．起こってから，考えていませんでしたでは，いつもの繰り返しになってしまいます．

● 東京一極集中は，首都圏にもう一極つくることでも，ある程度対処できる

【田中】問題は経済とのバランスだと思います．今の状態の経済で，となると，防災が少し置かれてしまうようなところがあるのかもしれません．

【河田】東京一極集中をやめて地方に持っていけと言っているわけではありません．首都圏は広いです．マグニチュード 7.3 の地震が起こったときに，その震源域にすべて入ってしまうというのがまずいのです．リニアの駅は相模原につくられますが，海から離れた厚木と八王子ラインの辺りで，羽田からのアクセスも考えて，首都圏にもう一極つくれと言っています．

こちらがやられても，こちらが残るといった緩和措置となります．ニューヨークに比べて，東京は経済効率が 1.5 倍もあり，これは大きい．大きいことはよいことなのですが，部分的にとても過密になっていることが問題です．新宿駅の 1 日の乗降客が 400 万人を超えています．こんなことは世界にはありません．池袋もそうだし，渋谷もそうです．もう少し平準化するということがよいだろうって思います．経済論理に任せっぱなしではいけないし，意識しないといけない．

「フォーチュン」という雑誌が，毎年グローバル 500 社というのを選抜しています．アメリカはその中に 132 社入っていますが，ニューヨークに本社があるのは 18 社だけ，日本は 68 社入っていますが，75％が東京です．ロンドンとパリも一極集中ですが，地震はありません．アメリカとドイツはそんなことはありません．一つは連邦制度というか，州の力が強いのと，もう一つは東西冷戦のときに大陸間弾道弾 ICBM に全部やられてしまうといけないと考えたからです．だから，東京では地震が起こることを考えたらどうでしょうか．

【和田】ドイツの ICBM の話ではありませんが，もし北朝鮮がテポドンを打ってきたら，一極集中だとアウトですからね．

【河田】元々，インターネットは核戦争に耐えられる分散型の情報シス

テムとして発明されたという話ですから．

● 南海トラフでは東京が残るけれども，首都直下は大きな問題となる

【田中】今度，東南海，南海辺りで巨大地震が起こるとGDPの4割ぐらいの被害になりますよね．

【河田】ただ，南海トラフの場合は，東京は物理的被害がないから，いろいろなことができます．だけど，東京がやられたら代替ができません．関東大震災のときと比べて，あまりにも東京に資源が集まり過ぎています．

【和田】あのときは大阪がありましたからね．

【河田】実は大阪は，東京より人口が多かったときがあるのです．

【田中】昔，小松左京さんが『日本沈没』で国土が無茶苦茶になる話を書きましたが，今は経済が沈下してしまって，崩壊してしまうのではないかと思います．

【河田】この暑い夏でも，ペットボトルの在庫が全国で11日分しかありません．地震が起こればフル生産しても4日目に全部なくなってしまいます．皆が効率を大事にしているので，在庫を少なくしてしまっているのです．それを物流がサポートしているだけです．この物流をサポートしているのが，情報システムですよ．どこかがやられると，全部駄目になってしまいます．そういうことは考えないとわかりません．今の情報時代というのは，自分から情報を取りにいかないと姿がみえない．情報の偏食が起こって，自分の好きな情報しか取りにいきません．災害が起こるという情報は，専門家以外は取りにいきません，うっとうしいことですから．

● 民主主義には勇気がいる，勇気が不足すると退廃する

【和田】海外の都市のお話がでましたが，例えば，イギリスでは17世紀の大火のあと，燃えないまちづくりを進めています．古いホテルなどに行くと，外は全部レンガで囲っていて，中は木造でできていても，

エレベーターホールと廊下の途中に扉があって，すごく考えています．日本は江戸時代に何回も大火があって，関東地震があって，戦争で燃えて，それなのに木造密集地とかいって，まだやっていますよね，欧米とどこが違うんでしょうか．

【河田】日本は全部対処療法ですよ．大火が起こったら，定火消しでは足らないというので，町火消しをつくった．ロンドン大火は1666年ですけれども，イギリスは当時，鬱蒼たる森に覆われていたのです．シェークスピアの家も全部木造ですからね．なのに，通りに面したところはレンガでつくれとなりました．そういう抜本的に変えるということをしました．やはり，勇気があるんですよ．日本という国は勇気がない．民主主義というのは，勇気がなかったら退廃するのです．その典型が日本です．できるできないかではなく，やろうということです．脱原発がそうです．ドイツでもオランダでも，できるできないではなくて，国のほうでやってみようって…．それが上手くいくかどうかわからなくてもです．それは我慢比べです．シーメンスなんかはもう原発をやらないそうです．あんな大きい会社がです．日本の三菱重工なんか，何とかうまいこと海外に輸出しようとしています．

【田中】そういう一連の日本の行動をみていると，精神的な貧しさが戦後から抜けきれていないようにみえます．そういうものをあるときに断ち切らないといけないと思います．

【河田】それには東日本大震災がやはり一つの大きな転機です．あんなにたくさん亡くなってしまって，何も変わらないというのはまずい．これは長期的に国を変えていく絶好のチャンスですよ．しかも，大きな災害が起ころうとしています．

【末岡】まさに先生がお話したとおりで，関東大震災が起こって，火災で10万人近くの方が亡くなったのに，日本人は忘れてしまって，木造密集の住宅街ができてしまっています．あのときは，同潤会アパートといった火災に強いコンクリート建物をつくったということがありましたが，今度こそ，国の政策として，火災にも津波にも強い住宅を

つくっていかないだめだと思います．何回も繰り返している大火や津波に何の反省もないということではなく，今回の震災を一大転機にしないといけないと思うのです．

● 防災を生活もろとも文化にしないといけない

【末岡】私が本日ここにいる理由ですが，1年前に和田先生，元地盤工学会会長の龍岡先生，東北大の哲学の座小田先生と討論会をしまして，そうした経緯から参加しました．まさに，ロンドンの大火とか，リスボンの崩壊とか，さらに日本人の精神的なことまで話がでまして，それが地盤工学会と日本建築学会共同の冊子にまとまりました．これがそうです．

　河田先生のことで一番印象的なのは2010年12月に『津波災害』という本を出版されましたよね．まさに，津波が起こる3か月前だったわけです．後から読んだのですが，書いてあることがほとんど起こったと認識しました．

【河田】その前の年にチリで地震があって，避難勧告が出たのに，ほとんどの人が逃げませんでした．

【末岡】そう，5％ぐらいだったそうですね．

【河田】こんなに逃げなかったら，大きな津波が来たら犠牲者は1万人超えるぞと前書きに書きました．12月17日に岩波新書で出版したのですが，3月初めに岩波から電話がかかってきて，「初版1万8000部のうち，1万2000部が売れました．先生，災害が起こったらすぐに売り切れますよ」っていわれたばかりでした．

　やっぱり，今回も逃げなかったんですよ．2万人近くも亡くなったのは…，目の前に5，6mの堤防があるから，大丈夫だって．宮古の田老地区には35年ほど前に行って，当時の町長に「10mの津波が来

たら，町が水深10mの池になる」と話したところ，「12か所に避難路があるのでみんな逃げる」と言っていました．しかし近年は避難訓練に参加する人がどんどん減って，もう10％切っていたということです．

結局，目の前に堤防があったら，つくった当時の人は覚えていても，そうした人が亡くなってしまったら，物だけ残って，それで大丈夫だということになってしまう．明治三陸はもっと津波は大きく，ステンレスの板で18mのところに打ってあります．だけど，みんなそんなものは起こらないと思っています．だから，住宅のように日常的に利用しているものから，きちっと考えておかないと，たまたま防災のためにやったというのは忘れてしまいます．だから生活もろとも文化にしないといけません．

さきほどリスボンの話が出ましたが，地震で国家が衰亡してしまうといったことにもなってしまうのです．あれで，フランスの海軍が地中海の制海権を握って勃興し，そうすると民衆の力が強くなって，フランス革命が起こりました．だから，リスボンの地震がなかったら，フランス革命が起こっていません．ということは，ヨーロッパの民主主義がもっと遅れていたかもしれません．

実は，前の兵庫県知事の貝原さんが中心になって，リスボン大震災の復元をプロジェクトで，御厨貴先生も入って，ひょうご21世紀研究機構というシンクタンクでやっています．大きな災害が起こると，社会にどれくらいのインパクトがあるのかといったことを研究しています．

● 建築の技術はものすごく進んでいる
【田中】これから建築を津波対策に適用していくのですが，ともかく技術がものすごく進んでいる．1933（昭和8）年の昭和三陸地震による

大津波と今回はよく似ているようですが，全然違います．前回は，みんな木造だから，簡単に流されてしまいましたが，今回は鉄筋コンクリートの建物がそれなりに残っています．津波に残っているということは，物理的に抵抗しているわけですから，津波といい勝負ができるぐらいの技術を我々はもう持っているといえます．それを何とか活用しない手はないのではと思っています．新しい技術というものを，これからは津波に応用していかないといけません．例えば，防潮堤も粘り強いものにするとか，土木も技術が発達してきていると思いますが，建築の技術も大きく発達しています．

● 勝手に自分たちの好きなようにまちをつくっていいということではない

【河田】そういう意味では，ドイツははっきりしています．ハンブルグというところは歴史的に高潮が来ているところですが，ハンブルグの町を大きくしないといけないということになって，新しく住む人たちは自己責任でやれって…，ですから，例えば，ビルディングをつくるときは1階はガレージにしろって…，1階のスペースを居室として使うなら，全部，鉄扉を用意しろって，なっています．レストランでも喫茶店でも鉄扉が用意してあって，閉めたら，潜水艦みたいになります（笑）．それが嫌だったら，1階はガレージにして，2階を使います．一般住宅は盛り土して，地上げですよ．だから，堤防がありません．しかし，旧市街地は護岸で守っています．やはり，そこに住みたい人の自由に任せてはいません．日本は後から公共事業でやります．そうではなく，公共事業ではなくて，つくりたいなら自己責任でやる，そのガイドラインを国とか政府がつくらないといけません．

　例えば，陸前高田ですが，みんな好きなところに住んでいるのです．今回わかったのは，7万本の松林といったって，その半分より高い津波が来ると全部駄目だって．だから，防潮林の効果は半分の高さの津波まで．10 mの津波を防ぐには20 mの松．陸前高田の松林といって

も，ほったらかしで，密生して雑木林のようになっていました．和歌山の浜口梧陵のつくった広村堤防の松は直径が5～60 cmあり，手入れされていて，ぐっと粘りがあって根を張っています．自分たちの好きなようにまちをつくっておいて津波にやられて，また，自分たちの好きなようにつくる，そこに問題があるように思います．

【田中】これから建物を活用していこうとしているときに，一番問題なのは，日本人が心の底にかかえている先入観です．「建物は津波と勝負できないのでは」と，最初からそう思っている人がとても多いのです．ですが，我々専門家は，「日本の建築技術は津波には負けない」と思っています．このことをまず皆さんに知っていただかないといけません．「日本の建築技術なら大丈夫なので安心してください」と言いたい．

● 建築だけ，土木だけでは駄目で，防災には特効薬はない

【河田】ただ，防災には特効薬はありません．15 mの津波に耐えられる住宅というのは無理ですよ．商業ビルとか鉄筋コンクリートでつくれば別ですが．だから，いろいろな知恵がいる．いろいろなところで目配りをしないといけないのに，一つだけに焦点を当てると，特効薬があるように思ってしまいます．例えば，防潮提がそうです．津波が防潮提を超えてくるなんて考えていませんから，穴が掘れて倒れました．海から来る津波は陸側で穴が掘れて，引いて行く津波で，また穴が掘れて，足元に穴が掘れて倒れました．だから，粘り強くするというのは，そういうシャープな角度ではなく，裾野を広くして，流速を遅くしようとしています．これで随分変わります．だから，いろいろなものを組み合わせることが必要で，その一つがやはり住宅です．災害のことを考えるとき，建てるなということもあります．特に海沿いは．

【田中】そうですね．建築を導入することによって，津波に対する物の考え方の自由度が広くなると考えています．そうすると，いろいろなものが出てくる可能性があります．建築だけがということではなく，それを入れることによって，今まである技術の中に，減災の対策がい

ろいろな気運を持ち始めます．そうすると，皆さんもいろいろなことを考え始めるかな…と思います．

● 規制をつくったからといって守られるということではない
【河田】伊勢湾台風を教訓として，その後，名古屋市が建築条例をつくりました．どういう条例かというと，あそこの計画高潮は 3.5m ですが，その計画高潮で水深が与えられたときに，海岸から何 m 以内に家を建てる人は，1 室はそれより上にならないといけないというものです．

　だけど，罰則規定がなかったから，誰も守っていません．2000 年に東海豪雨があって，庄内川の下流側が随分水没して被害がありました．その後，名古屋市の建築指導課に行って，あのときの条例はどうなっているのかと聞きましたら，指導課長は知りませんでした．「先生，そんな規制がありましたか？」と．
【和田】今でもその条例は生きているのですか？
【河田】今でも生きていますが，守らなくてもよいから，誰も守っていません．罰則をつくったとしても，規制では守れないと思います．みんなが納得しないと，そういうものは実効性がないので．

● 津波に対する新しい生活文化が成り立つかどうか
【和田】鉄筋コンクリートで 2 階建てをつくっても，津波のほうが高かったら，どうしようもないですよね．今，われわれが考えているのは，もう少し高い 10 階建てとか 30 階建てとか，ハワイのワイキキみたいな，シンガポールの海沿いみたいな，そうしたまちをつくることです．多様な答えがあってよいので，別に岩手から宮城まで全部の被災地に適用しようということではないのですが，防潮提はほどほどにして，木造の低い建物もそこの一角に建てるのはやめて，高層にして，漁師や農家も高層ビルからエレベーターで降りてきて，海や畑に行くという，そういう文化がありえるかどうか，といった議論もしています．
【河田】藤沢には条例があって 10 m 以上の建物が建てられないのです．

非常に住みやすい町で住宅地としてはよいところですよ．しかし市長は，「次，関東大震災級の津波が来るとしたら，藤沢は10 m超える．そうしたら，町には避難ビルがないし，マンションも3階建てぐらい，防潮提の高さも足らないし，どうしたらよいか？」と悩んでおられた．あそこは，海岸側に国道が走っています．その国道に面した商業ビルは，二線堤というか，防潮提の役割をするように，高さの制限10 mをやめて，防潮提を超えてくる津波は鉄筋コンクリート造で受けて，避難する時間を稼げばよい．面的に高さが制限されていると，そうしたことができないので，国道に面したところだけは，条例を適用外にして，逆にそこを開発するときに，強制的に構造を鉄筋コンクリート造で，高さを何m以上というような形で，市条例を入れ替えたらとアドバイスさせていただきました．

【橋口】まさしくそうで，国道沿いの江ノ島に近いところの一部だけに一種低層住専でないところがあります．そこにはマンションが一列ずらっと，どうみても防波堤のように並んでいます．そこだけ6階建てぐらいの建物が壁のように並んでいるのです．ただ，後は，全部2階建ての木造住宅です．末岡さんはあそこいつも通っておられますよね．

【末岡】私，茅ヶ崎なので，自転車で通ることがあります．あの辺は，津波でやられてしまう可能性があるので，土地の値段にも影響しているとのことです．

【河田】和歌山なんかも今，沿岸部のマンションが売れなくなって価格も大幅に下がっています．だから，大阪で破産した人は，大阪のマンション売って，津波来るかもしれないけど，当面は和歌山に住むという，そんな笑い話があります．

【橋口】和田先生のワイキキの話ではありませんが，茅ヶ崎の辺りなんか，緩和したら，ワイキキのようなまちになるのではないかと思います．

【和田】その代わりに，人口密度を上げないようにする必要がありますね．公園をつくるとか．

【橋口】みんな海岸っぺりには，住みたがっていますからね．

【河田】ワイキキでも，避難勧告が出たら，強制的に避難させられます．ホテルの上の階に宿泊していても，全員です．高いから大丈夫ということではなくて，逃げるときは全員で逃げる．全員ボンネットバスに乗せられて，山の上に運ばれます．そういう考え方です．高い建物をつくったら，もう逃げなくてよいということではなく，それでも逃げる．だって，やられたら生活ができないですから．電気も止まって，水道も止まったら，高いところにいても，どうしようもありません．

【末岡】それは，強制力があるということで，法律だということですか．

【河田】アメリカの場合は避難命令です．だから，命令に従わなかったら，捕まってしまう．日本は避難指示なのです．避難指示というのは，命令といっても，従わなくてもよい．ただ，避難指示が出て，この地域が立ち入り禁止なったら，そこに入ったら捕まります．日本の場合，避難指示と警察がどう連携しているかで，この地域に入ってはいけないということになったら強制力が生じる，という風に非常にわかりにくくなっている．

【橋口】それはFEMA（アメリカ合衆国連邦緊急事態管理庁）といった組織がそうした命令を出すのですか？

【河田】今は州政府なんです．

● 逃げるときは逃げるという災害文化をどう普及させるかだ

【橋口】海岸っぺり，ウォーターフロントは和田先生のおっしゃるようになっていくと素晴らしいのですが，たぶん民主主義国家だから，2階建ての住宅がずらっと張り付いているところでは，そうはいかないように思います．そこに，私どものようなところが，堅固なものをピロティでつくったりしても．そうしたら，逃げないのが一番困ります．

【河田】東日本大震災の教訓が，津波避難の場合は全員が逃げることです．高いところにいるから，逃げなくてよいというのではなくて．そういうふうに個人の判断に委ねると，気象庁が大津波警報を出しても，やられてしまいます．基本的に避難勧告が出た地域の人は全員逃げる．

そういうまちづくりをしなければなりません．そうすると，避難道路をきちっと整備するといった話になります．

日本人には建前と本音があって，事前にアンケート調査では，車で逃げるが60%，徒歩で逃げるが40%でも，実際に津波が起こったら90%以上が車で逃げる．日ごろ考えていることを，非常時にもそうするかというと，そうはやらない．だから，多重防御ということは，考え方もそうで，津波にやられない家でも，避難勧告が出たら，その地域の人は安全なところに逃げるということにしておかないと．また，津波というのは局所的に変化もしますからね．

だから，見逃しの三振は駄目で，空振り三振は認めるという時代にしないといけません．空振りの三振には，多重にいろいろなセーフティーネットをつくっておかないといけません．

だから，こういう活動というのは，やはり災害文化をどう普及させるかということですね．防災教育も含めてです．その一環として，この勉強会を位置づけるという．

【和田】そうですね．勉強会の二つ目の方向ですね．

【田中】津波の防災意識の向上と継続ですね．結局は，民間投資をしてもらうためには，市場形成をある程度しておかないといけません．

【河田】アメリカの水害保険は個人的には入れません．連邦政府が管理しています．というのは，水害は面的にやられますから，その地域のリスクがどのレベルかという評価があって，それをクリアしないと水害保険に入れないのです．だから，例えば，津波のはん濫地域で，保険に入るとしても，ある災害に対するリスクが何%以下でないと駄目だということになります．家の構造を含めて，そういう網掛けは保険でできます．水害だけですが，アメリカではやっています．

【橋口】建物ではなくて，まちに網を掛けるということですか？

【河田】まちにです．というよりもコミュニティーごとにです．確かに，地震保険だって，ちゃんとした家を建てても，付近の古い家から出火したら終わりです．だから，保険は面的に考えないといけません．今

は勝手でしょ．耐震補強しても，火災保険の掛け金はそう大きくは変わりません．地域で決まってしまっています．

【和田】そうですね，福岡などでは地震が少ないということで掛け金が安いですね．

【河田】耐震補強を自分のお金でして，隣の家がボロくて，耐震補強しないで，そこが壊れて出火して，自分のところが燃えたら，何とも言いようがありません．

● アメリカには自己責任の原則がある

【和田】先ほど，アメリカでは，ピロティの高さが，金持ちかどうかで変わるといったことでしたが，津波が明らかに来るということで，金持ちがコンクリートで要塞のような家を建てたら，隣の家の波が厳しくなりますよね．そうすると，都市全体で考えるということが必要かなと思います．

【河田】まあ，ニューオーリンズにしても，ニューヨークの郊外にしても密集ではないですからね．だから，アメリカの場合は，バイアウトといって，例えば，高潮でやられたところ，あるレベル以上のリスクのあるところは，居住禁止にするのです．居住禁止だけれども，本人が住みたいと言ったら，住めるのです．その代わり，自己の対策をしなければなりません．連邦政府と州政府はそのコストの3割を負担してあげます．だから，ピロティの3割は負担しているわけです．それも，自己責任の範囲でやっているのです．全然，投資していないわけではありません．それに，アメリカの場合は治安が悪いこともあり，一軒だけポツンというのは危ないので，みんな出て行くわけです．だけれども，強制ではありません．ピロティの家に住んでいた人なんかは被害を受けていないので，そのまま住んでいます．ニューヨークの郊外スタッテン島へ行けば，乱杭岩のように禿げた家が残っていて，周りの家は全部やられています．だから，そこは野鳥のサンクチュアリにするそうですが，そのサンクチュアリの中に家が残っているのです．

● 19年前の阪神・淡路大震災で公費負担という前例をつくった

【和田】自己責任で津波の来るところに無理に住んだり，あるいは地震で傾いたりして，その後片付けを国がやらなければならないというのは，世界の常識なのですか？　瓦礫を片付けるのもそうです．もし，首都直下型地震で建物が傾いたら，その持ち主が取り壊しをやるべきだと思います．傾いた家を国が代わりに取り壊してあげる必要があるのかどうか．

【河田】19年前の阪神・淡路大震災のとき，瓦礫の撤去を初めて公費で負担しました．ですから，それが最初の例です．東日本大震災はその前例があるから，それを適用することになりました．

　みなし仮設もそうです．2004年の中越地震の翌日，泉田知事のところに赴いたのですが，10月23日に起こった地震ですから，1か月以内に雪が降り始めるわけです．そうすると，仮設住宅はそんなすぐには大量には用意できないと，知事がどうしようかと言われたので，「新潟市内にマンションやアパートがいっぱい空いているから，そこに住んでもらったらいいでしょ」と，たまたま，災対本部に国の出先，厚生労働省の担当者が2人いたので，「災害救助法を適用できないか」と相談しました．その午後，本省から「やってみよう」ということで，みなし仮設が始まりました．そのときはそんなに大量ではなかったのですが，前例があったから，東日本大震災のときは，それですぐに動けました．

【和田】後始末を国や県がみんなやってくれることになると，モラルハザードというか，もっとちゃんとしようという気がしなくなってしまいます．仮設は別ですが．

【河田】耐震補強が進まないのもそれですよ．耐震補強をやらなければいけないのに，やらずに壊れたら300万円もらえる．これは少しおかしい．

【和田】液状化した辺りでもそうですね．

【田中】そういう考え方の方も結構多いですよね．

【河田】だから,制度設計するときに,それぞれが矛盾するようなものは困る.きちっとした考え方がベースにないと,一つひとつがおかしい状況になります.

【和田】やはり,死者・行方不明者1万8 000人から2万人,大変な状況を毎日のようにテレビで報道されると,行政も政治家もほっておけないですから,そうなってしまいます.けれども,次の首都直下にしても,南海トラフにしても,200兆円ですから,無理ですよね.

● それぞれの役割をクリアにしておかないといけない

【橋口】そう簡単にはいかないかもしれませんが,根本的な考え方は,住人と建築士,業者含めて,変わっていくべきと思います.と言っても,耐震補強も,田中先生含め随分長い間やっていますけど,そんな感じで進まないですよね.

【河田】だから,それぞれ役割があるのですよ.国の役割,自治体の役割,住民の役割と,それを初めにクリアにしておかないと,先行するところが実はみんなやってくれるような錯覚があるのです.

　日本人って一人ひとりはとても賢いのに,集団になるとその賢さが消えてしまう.もめるのを嫌がるからですかね.東日本大震災の復興は,「もめればもめるほどいいものできるぞ」と言っています.9.11の跡地に,この5月にミュージアムができました.まだ地下鉄は仮のものですし,2001年でしたから,十何年かかっています.しかも,あの土地は公共の土地なのですが,市民が集まって,どうするかコンペまでしました.そこまでもって行かないと.だから,もめればもめるほど成功度合いが増えます.自分の問題だとみんなが思うようになります.そして,文句も出てくるのですよ.自分の問題にならない限り,任せておけばよいとなってしまう.だから「もめればもめるほどいいぞ」と言ったら,皆びっくりしていましたが,「腹くくれ」って.ただし,食べていけなくなると困ります.日々の生活できなくなると,そこにいることができなくなります.

● 墓地をどうするか，また，地籍をどうするかが問題だ

【和田】コンパクトシティというか，湾がたくさんあって，防潮提つくって住むのはそこだけにして，後は車で行ったらどうですかということにはならないのでしょうか．小さな村がいっぱい残ってしまうというのはどうですかね．

【河田】一つは墓地をどうするかですよ．1889年に紀伊半島の真ん中の十津川で水害があって，新十津川村というのが北海道にできたのです．初めは全村行こうという話でしたが，ところが，墓地をどうするかということで，結局，2/3が残って，1/3が新十津川村をつくりました．その後，2011年の台風12号で，また，深層崩壊で97人が亡くなりました．平地のないところだから，土砂災害が起きると平地ができる，そこにまちをつくったそうです．二度とそういう過ちをしないというまちづくりをしないといけないというのと，新十津川村から義捐金が6000万円届いたということがありました．それは自分たちの祖先のお墓を守ってくれているということで．だから，高台移転の難しいのは，お墓だけ置いていくのはできないということです．これがまた，公的なお金でないのです．

　それと，首都圏で土地の所有関係がクリアになっている地籍が今17％だとのことです．このままでは，83％は土地区画整理事業ができません．だから，政府に「今後，10年以内に相続をしっかりやれ，それができないときは国が召し上げるというぐらいの法律をつくったら」と申し上げた．阪神・淡路大震災でまちづくりが中途半端に終わったのは，地籍が複雑で，相続がしっかりされていなかったためです．区画整理事業をするときには，一筆の土地の所有者全員の印鑑がいるのです．どこにいるかわからない，亡くなってしまっている，その相続をどうするかといったこともあり，皆ギブアップしてしまいました．

【末岡】今の東日本大震災でも，まさに同じ問題があります．復興事業が進まなくて，計画のお金が何兆円も余っているのは，要するに，地籍の問題があり，それが解決しないと復興作業にかかれないのです．

【河田】そんなことが将来起こるのがわかっているのであれば，地籍をきっちりとしておかなければなりません．急にはできないので，10年20年の間に相続関係を明確にしておく必要があります．今度，東京で地震が起こったら大変です．公共事業が全くできないということになる．そういうことは起こってからではなく，起こる前からやらないといけません．

● コンセンサスづくりが大切だ

【和田】中国・四川の復興は3年で終わりました．日本は何でのんびりしているのでしょうか．先ほどいっぱい議論したほうがよいとありましたが，民主主義でしょうけれども，過去の所有者なんか気にしないということはできないのですね．

【河田】昨日，中国の国家テレビ局からインタビューしたいと電話がありました．中国は日本から学ぼうとしているわけです．日本は地震大国だから，中国でできないことをしているのではと．四川大震災のあと，国家を挙げて取り組んでいますが，ローカルなところへいくと全然進んでいません．日本ではどうしているのかということでした．

【和田】北京でつくったルールは間違いがないのに，四川までいくとインチキになってしまうのですかね（笑）．農地解放は戦後ですが，京大の中村恒善先生なんかは大地主だったそうで，そのころは，案外，復興やまちづくりは，早くできたとおっしゃっていました．

【河田】だから，オランダは，土地は個人のものではなく，国のものとしています．例えば，漁業権があるのは日本だけです．オランダで埋め立てするとしても，漁業権は何の関係もありません．日本は明治政府が自分らの味方をさせるために，地先の漁師にそこを専用で使えるようにするという約束をしてしまいました．

　これからは，抜本的にどうするのかというところを皆に問いかけて，それぞれの答えを持ち寄って，そのコンセンサスづくりをやっていく．国が何か規制をつくれというのではなくて，結果的にそうなるかもし

れないが，そのプロセスのところをみんなで共有する．おっしゃるように，今の建築技術で簡単に壊れないような家をつくることもできます．それもよいでしょう．ただ，そんな家ができたら，防潮提はいらないということになるかもしれない．

【田中】やはり，防災のあり方はルート的に二つか三つか持っているのが普通で，ジェット機なんかも三つ四つぐらいは持っていて，片エンジンになっても飛びます．防潮堤をつくったって，駄目になるということも往々にしてあるので，2番目の防災的なことは建築でカバーするとか，それが，防災の自由度を高めていくということになると思います．

【和田】とんでもない高い防潮提をつくったら，そこのまちの価値がなくなってしまうということもあります．安全かもしれませんが．

● ボランティアということも考え直さなければならない

【河田】ウィーンからドナウ川上流80 kmのところにクレムスというまちがあります．まち全体が世界遺産ですが，そこにはドナウ川の堤防がないのです．高さ50 cmぐらいのコンクリートの基礎が2kmにわたって打ってあります．ドナウ川の増水はドイツで雨が降って，丸一日かかるそうです．EUになったら，国際河川の気象情報は関係各国で共有しなければならないことになって，ブリュッセルでラウンドテーブルに付かないといけません．それまでは，西ドイツで雨が降っても，なかなか情報が来なくて，突然，水位が上がるということだったそうです．クレムスのまちは市の消防署員が120人いますが，1人だけが公務員で，後はボランティアです．3年に1/3ずつ交代するのだそうです．それで，ドイツで雨が降ったらアルミダイキャスト製の2 m×2 mの板をその上に並べていくのです．間に合うのですよ．市長が言うには，ここに来るのはまちを見に来るので，堤防を見に来るのではない，だから堤防はいらないと．ビデオで見せてもらったら，2kmにわたって，見事にピチっと止まっています．何が一番大変かというと，

洪水が去った後，アルミダイキャストの中に細かい砂が入る，この掃除が大変だということです．公務員1人で，後は全員ボランティアですよ．そうしたら，当然，コストは安くなります．これが，消防士，市役所の職員でということになったら，大変ですよね．

【田中】日本も「自助」「共助」「公助」って，助が3分割されたということは，公助だけでは無理だから，何とか自分たちでやってよということで，ボランティア的な傾向になっているように思います．

【末岡】まさに民主主義的というのは，そのまず自分でやる精神だと思います．

【河田】阪神・淡路大震災で何が不幸かというと，日本はボランティアというのは，被災地の外から助けに来るのをボランティアとしちゃったのです．元々は被災地で被災しなかった人が被災者のために働くのをボランティアといったのです．東日本大震災が起こったときに，ボランティアが来ないと避難所で文句を言う人がいました．自分たちが動かないといけません．実は，阪神・淡路大震災で避難所に逃げてきたお父さんで救助作業に行ったのは，その内の3割で，後の7割は自分の家が壊れたら「私は被災者だ」って，避難所にいたのですよ．

【田中】全く，テレビ見ていると体育館が満杯で何かおかしいと思います．

【河田】いきなり被災地に外からは入れない．だから，特に怪我しなかった高校以上の男性は働かないといけない．そういうことがどこかにいってしまっている．

● 制度を入れるときは基本的な考えどころを押えておかないといけない

【河田】この前，福島の郡山に行ったら，川が増水していて，水防団が堤防で水防活動をしていました．そこに傘をさした男の人が来て，自分の家の周りにも土嚢を積んでくれと言ったそうです．

　どこかで制度を入れるときに基本的な考えどころを押えていないか

ら，そういうことになります．2002年にドイツでエルベ川の流域が溢れたときのビデオが残っていて，若い女性みんながスカートで長靴はいて，軍隊と一緒に土嚢を積んでいます．日本では，そんなことしないでしょ．みんな水防団とか消防団がやれ，でしょ．向こうは女の子がどろどろになって，土嚢を積んでいる．その辺の意識が違う．やはり，物事を何かつくるとき，どう考えるかということを皆で合意しておかないと，制度だけが上滑りしてしまいます．水防団が高齢化してきて駄目だとか，成り手がいないとかね．

【田中】特に防災，津波が特にそうですが，ほとんど公的な資金で賄われてきているわけで，民間の資本がそんなに投入されていないので，そうなるとお上の言うことには従わないといけないとなって，自分たちの批判的なものが縮小されてしまいます．自分たちがある程度お金を出しているとイメージが必要です．これから民間投資を促進していけば，自分たちの問題だというふうに意識改革が進むように思います．時間はかかるかもしれないけど．

● 霞ヶ関は結構わかっている，ローカルのほうが問題かもしれない

【河田】結構，霞ヶ関はわかっているんですよ．一番駄目なのはローカルのガバメント，特に県庁というのはどうしようもない．津波防災地域づくりに関する法律をつくったとき，復興構想会議の下にワーキンググループがあって，課長級が集まって，海岸法でどうするか，今の現行の法律の中で最大限の応用をしました．だから，昔は畑を宅地にはできましたが，宅地を畑にはできませんでした．価値の下がる方向にはできなかったのが，今度，できるようになりました．だから，海岸沿いの住宅地を山のほうに持っていって，山のほうの農地をこっちに持ってくるといった土地区画整理事業もできるようになりました．こういう風に，ぎりぎりまで官僚は考えています．ところが，県庁へいくと全く駄目で，やったことがないから，すごくシンプルに考えてしまいます．やはり，そうした事業をするときには，担当者の教育を

しなければなりません．土木や建築をしていたものが，いきなりまちづくりにいっても，やったことがないのにできるわけがありません．きちっとコンセプトを理解してから，やらなければなりません．いきなり，URなんかが入ってきても，彼らはまちづくりなんかには長けていません．建物しかつくってきませんでした．300人，400人，いきなり現場に入れたって，素敵なまちができるわけがありません．つまり，そんな仕事をしてきたのでしょうけど，津波にまちが全部やられてしまったなんて条件は初めてで，それをどうするかということを，初めにきっちりとみんなが合意しておかないと，自分の仕事の延長上でするしかないでは，よくはできません．

【末岡】そういう意味では3年半前に東日本大震災が起こって，いわゆる強靭化法とか，法律はできたけれども，先生のおっしゃるように，10年15年掛けて，そういうことを広げていかないと，学んだことにならない．また，南海トラフや首都直下で東京が二度と立ち上がれないということになったら大変です．その割には，のほほんとしている気がするのですが，そう感じるのは私だけですかね（笑）．

夢というか，将来こうしたいということを持たないといけません．

【河田】例えば，1人当たりのGDPが一番多いのがノルウエーです．87千ドルで，日本は41千ドルですよ．ノルウエーでは，大人の男性がなりたい仕事が漁師なんです．遠洋漁業を管理してやっています．日本で食べている大きな鯖は全部ノルウエーですよ．日本はまき網で小さい鯖まで全部とってしまうから，どんどん小さくなってしまっています．村井知事は，漁業特区で漁業権を組合長から取り上げるということではなくて，もう水産高校を出て漁業をする時代ではない，ハイテク使ってやらないといけない，だから，水産大学校です．山口と東京しかないのだから，宮城県に大きな水産大学校をつくって，グローバルに活躍できる漁師を宮城県がつくるのだって．それには，港が300やられたから元に戻すのではなくて，その内のいくつかは遠洋漁業基地にしないといけません．だから，やはり，小さい港は集約し

ないといけない．そういう思想がない．やられたところは災害対策基本法では，原型復帰が担保されている．だけど，そこで漁をしている人は10人とかね．夢というか，将来こうしたいんだ，というか，それに皆が納得したら，人間って賢いから我慢できる．何もないのに我慢しろというのは無理でしょ．三陸沿岸で生まれた若者がそこに住んで仕事ができるというのが一番いいじゃないですか．今仕事がないから皆東京に出てくる．それを変えるチャンスがない．そういうパイロット事業を展開していくというか，将来の自分たちの夢につながるまちづくりというか，そういうものが今はありません．ハウツーものばかり出てきています．

【末岡】ムーブメントというか，多数がそうした方向に向くには，どうしたらよいのかと考えてしまいます．単純な利益誘導ではなくて….

● 耐震補強は中古住宅マーケットに反映されないといけない

【橋口】耐震補強というのはなかなか進まなかったのですが，少し変わってきました．最近は戸建住宅でも少し補助が出るようになった途端によくなってきました．ムーブメントは10年ぐらいかかるような気がしますが．

【田中】耐震補強もなかなか動きがなかったのですが，1995年以降あれを研究して動かしたのですが，やはり，少し金を出さないと，呼び水をやらないと，自分から進んで井戸を掘るということにならない．

【河田】耐震補強して，不動産の価値が上るようにしたらやりますよ．やらなくても全然変わらないというマーケットがおかしいのです．シアトルに住んでいたときに，築120年ぐらいの家でした．海外では不動産の価値が上物で決まっているのに対し，日本では土地で決まっています．だから，耐震補強したら，その費用に見合う分だけ価格があがるとかね，日本は中古住宅のマーケットが犠牲になっているのですよ．日本では昔，中古車のマーケットもおかしかった．

　日本は中古になったら，全然価値がなくなってしまいます．今，木

造は法律上22年しか価値がありません．そうではなくて，よいものは大事に使う，だからよいものにする努力が要る．だから，災害のことも考えておかないといけない．

2014年の台風12号で水に浸かった高知県いの町は多くがピロティの家なのです．それは指導しているのではなくて，宇治川という川が内水はん濫起こして，しょっちゅう水に浸かるから，皆自分でピロティの家をつくって，1階をガレージにして，2階に住んでいます．だから，大雨洪水警報などが出ると，いの町の住民はまず，最初に家に帰るそうです．なぜなら，1階の車を上に上げないといけないから．昔，いの町の町役場に行って建築指導をしているのか聞いたのですが，みんな口コミなのだそうです．家を建てるなら，水に浸かるから高くしたほうがいいよって．アパートもそうなっているのだそうです．

【田中】今回の東日本でも，3ｍぐらいのピロティでたぶん3割ぐらいは救えるように思います．

【河田】今の時代，津波がやって来たときに，地域によって流速などがどう変化するという計算精度があるので，越流して高速のはん濫流がいくようなところに不用意に木造住宅をつくるというようなことはやめなくてはなりません．防潮堤の外郭ラインを決めて，高さを決めたら，浸水が起こったときの外力の大きさなんかは計算できます．だから，ここの地域に家をつくるときには，こういう構造にしなくてはいけないとか，あるいは地盤を上げろとか，そういう指導はもうできるのです．ところが，やったことがないでしょ．やったことがないのにまちづくりをしようとしています．要するに，情報がないわけです．まずその情報の共有化をしないといけません．

【田中】おっしゃるとおりです．要するに，津波みたいなものに対しては基本的には，建築といった小手先のことでは駄目で，絶対勝てないと思っているわけだから，やらないのだと思います．だから，そういうことを部分的にでも，その気になれば助かるのだということを教えていかないといけないと思います．

【河田】そうですね，技術力はあるのですが，それを実際に適用するプロセスのところが非常にウィークなんです．橋渡しをする人材がいないというか．専門的に津波が来たらこんなことになるよって，東北大の今村君なんかはそれができるのだけど，それを使ってまちづくりをどうするかという人材がいないといけません．

● 土木と建築の交流が必要だ

【田中】今の土木と建築の関係というのは，土木は津波のことは一生懸命にやっているのですが，建築のことは疎いように思います．では，建築が津波の方向にいけるかというと，これがまた，津波はよくわからないとなって．今，ちょうどせめぎ合いなんですね．ここを何とかジョイントさせれば，土木も建築のことを理解してもらえるし，建築も津波のことを，難しいことでなければ，何とかイメージできて，外力の大きさぐらいも大体のことはわかると思います．

【河田】それはだってね，大成建設もそうだけど，土木と建築って，全く交流がないのですよ．

【田中】そうそう，おっしゃるとおり．

【河田】大阪の駅前ですが，あそこは第二室戸台風のときに水没したのですよ．なぜ，水没したかというと，淀川が増水して溢れたのではなく，増水したら下がフラフラなので，水が吹き出てきたんです．だから梅田って，田んぼを埋めるって昔は書いていた．たぶん，阪急の関係者だと思うのですが，埋めるというのがよくないので，木の梅にした．

　あそこを開発するときには盛り土をしなければいけません．それをやらずにつくりました．丸の内と同じ，三菱地所がしたことと同じです．丸の内と同じまちができているのに，そんなところにまちづくりプランナーがばかでかい池をつくりました．ちょっと，昔起こったことを考えたらわかるのに，それが建築屋にはわからない，土木なんです．地鎮祭って，何でやるかというと，昔，こんなことが起こって，それに注意して建てるからよろしくね，と許可を得る儀式なのに，お祓い

をしたら終わりって形式になってしまっています．

【田中】さっき言ったけれども，土木の方も建築のことをよく知っている方はたくさんいると思うのですが，やはり，建築のことは一歩引こうかなという感じがあります．建築の方も土木の方と津波の話をしたときに躊躇することがあります．

【河田】建築はスマートなのですよ．土木はやくざ的なところがあるので，やられるんじゃないかと…．建築は都会的で，デザインなんてカッコいいじゃないですか．

【末岡】私もまさに土木なのですが，個人的には上司が建築で部下も建築であったという6年間を経験しました．まさに，そうした弊害を取り除こうと，そのときの技術本部の副社長がやろうと．まず，土質工学というのは，地盤学会もそうですが，土木も建築もいるので，実験的にもやれということになりました．そのときが一番よかったという人が多かった．ただ，事業が土木と建築で分かれているのが大変で，6年で元に戻ったということがありました．ただ，土木の人が建築のことをあまり知らないというのも問題だと思います．

【田中】自信がないのですよ．実際にやる段階になったら，両方ともです．我々もトンネルをつくれとなったら，計算まではするけど，実際につくれよと言われたら，自信はないです．

● **欧米では大きな土木事業の後にはミュージアムがつくられる**

【田中】外国のシビルというものの考え方ですが，意外と共通というか，ああいうのが重要なのだと思います．そうした教育を受けてくると幅が広くなります．

【橋口】あのシビルも，土木のシビルもそうですが，概念が大きいからですから．日本の場合は土木としてしまっています．

【河田】欧米先進国では土木技術者というのはとても尊敬されているんですよ．どこでも大きな土木事業をしたら，必ずミュージアムを残している．なぜ，その施設が必要だったか，どういう役割を果たしてい

るか．例えば，テームズ河にテームズバリアという高潮施設があるんですよ．そこに行くとミュージアムがあって，NPO がマネジメントしています．1950 年にロンドンで高潮ではん濫が起こって，2 階建てのバスが浸かったことがあって，それでテームズバリアをつくりました．このバリアはこういう役割を果たしているということが,ずっと伝わっていくようになっています．日本では，そんな予算はつきません．つくったら終わりです．

　だから，なぜこんな大きい施設が必要だったかという背景がほとんどわかりません．荒川放水路なんかも，1933 年に，青山 士（あきら）がパナマ運河の工事を見に行ってつくりました，そんなことは誰も知りません．土木というのはほとんど公共事業でやっていたにもかかわらず，その大切さがみんなに伝わらないようになってしまっています．なぜ，そうなっているのかといった，そうしたミュージアムが全くありません．例えば，佐久間ダムにはあるんですが，お金がつかないから，施設が古くてみすぼらしい．

【和田】そういうのをちゃんとしていたら，少年少女も興味を持ちますよね．

【河田】銀座の地下鉄を掘るのに，夜中に工事したら迷惑だと，文句言われてね．土木技術者は事故が多いし，子どもは土木技術者なんかにはさせないということになってしまいます．

【和田】杭を打っている音とか，リベットを打っている音とか，先生とか私たちの世代ですよね，それで，このまちができているということなのですが．

【橋口】そのとおりですね，昭和 30 年に制定された大成建設の社歌には,そうした様子が描かれていて,「斧ふるう」とか「槌ひびく」といった歌詞が入っています．

【河田】防災減災には,大きな土木事業も必要とされているのですから，取り組むからには産官学民ともに胸を張って，後世に残していきたいと思いますね．この続きを，是非また，やりましょう．

座談会

英国ロンドンのテムズ川の高潮・洪水を制御するテムズバリア
（撮影：河田惠昭）

　ごく緩やかな勾配で流れるテムズ川は，潮の流れの影響を受ける川で高潮や洪水による被害を受けやすい．その対策として，1974-1982年にかけて建設され，以来100回以上稼働，特に，2013年から2014年にかけては，1年間で高潮で9回，洪水で41回の計50回も稼働している．普段は川の中に隠れている遮蔽板を回転させ，せり上げる仕組みとなっている．

あとがき

　東日本大震災からはや4年が経過しようとしています．心の傷がいまだ癒えない方も多いのではないでしょうか．復興途中のところもたくさんあると報告されています．このような悲劇は二度と繰り返してはならないと思います．多くの涙を流す理由は津波被害にあります．津波被害をなくさない限り悲しみは繰り返されます．

　津波被害を少なくするためには津波減災対策が必要です．この本の執筆者らは津波減災対策の大切さを皆さんに知ってもらいたいと思い「東日本大震災の教訓を後世に残すことを考える勉強会」を立ち上げました．

　東日本大震災の教訓の一つに，多くの建物が津波に対抗して残留していたことが挙げられます．歴史的にみて，東日本大震災のように多くの建物が津波に対抗して残留したことはありません．このことは，今後建築物を津波減災対策に活用できることを意味しています．残留した理由は日本の建築技術の進歩にあります．この事実からもわかるように，これからの津波減災対策は，日本の技術進歩の活用にかかっていると言っても過言ではありません．

　しかし，建物が津波に流されないだけで津波に強いまちづくりができるわけではありません．津波が終わった後で日常生活ができるようでなければ津波に強いまちとは言えません．水，電気，ガスはもちろんのこと，交通機関も動くようでなければなりません．

　生活していくためには経済に関係した生産関連のものも被害を受けないようにする必要があります．いずれにしてもやることは山ほどあ

ります．しかし，建物が残留していることが最も重要であることには変わりありません．

　将来的に津波が来ると予想されている東海・東南海・南海の地震予測地域が心配です．これから津波に強いまちづくりをしていくうえで重要なことがもう一つあります．それは，津波防災意識の継承です．いくらよい計画を作成しても，それを促進しようとする気持ちがないのでは，事業が進まないことになります．津波伝承が大切です．津波伝承は歴史上の一つの出来事のようにこれまで考えてきたところがあります．津波に強いまちづくりのベースは津波伝承という津波防災意識の継続にあることを忘れてはなりません．

　津波の伝承には若者の力が必要です．若者に，この本に書いてあることを実行してもらうことが重要だと考えています．これからの若者は，世界の方々と一緒になって自分たちの考えている津波に強いまちづくりを自信を持って発信し，実行していただければ本書の執筆者一同，この本を書いた努力が報われます．

　もちろん，若者だけが津波に関係しているわけではありません．わが国の皆が力を合わせて助け合いながら津波に強いまちづくりをしていく必要があることは言うまでもありません．そうなれば，執筆者らの喜びも倍増すると考えています．「天災は忘れたころにやって来る」というようなことがなくなることを願いつつ，あとがきにしたいと思います．

執筆者一覧及び略歴

和田　章【第1,　3,　7章,　座談会】
1989年　東京工業大学教授（2011年まで）
1991年　マサチューセッツ工科大学客員教授
2011年　東京工業大学名誉教授、日本建築学会会長（2013年まで）、
　　　　日本学術会議会員
2013年　国際構造工学会（IABSE）副会長
2014年　日本免震構造協会会長

河田惠昭【第2,　7章,　座談会】
2005年　京都大学防災研究所長
2007年　国連SASAKAWA防災賞（その他,　受賞多数）
2009年　京都大学名誉教授
2010年　関西大学社会安全学部教授,　学部長
　　　　岩波新書「津波災害〜減災社会を築く〜」東日本大震災3か月前
　　　　に上梓
2011年　東日本大震災復興構想会議委員
2012年　内閣府・南海トラフ巨大地震対策検討ワーキンググループ主査

田中礼治【第4,　5,　6章,　座談会,　あとがき】
1986年　東北工業大学工学部建築学科教授
2011年　日本建築学会東北支部長,　支部災害調査委員長
2011年　東北工業大学名誉教授
2012年　四川大学　外国人特別招聘教授

末岡　徹【第3章，座談会】
1973年　京都大学工学部土木学科卒業
2004年　大成建設株式会社技術センター土木技術研究所長
2005年　首都直下地震に対する地盤工学からの提言策定委員会幹事長
2011年　東日本大震災・地震工学会提言委員会幹事長
2012年　地盤工学会会長
2013年　地盤品質判定士協議会初代会長

橋口裕文【第4，6章，座談会】
1974年　京都大学工学部建築学科卒業
2014年　大成建設ハウジング株式会社顧問

津波に負けない住まいとまちをつくろう！ 定価はカバーに表示してあります。

2015年3月11日　1版1刷　発行		ISBN 978-4-7655-1820-8 C3051

編　　者	東日本大震災の教訓を後世に残すことを考える勉強会
発行者	長　　　滋　彦
発行所	技報堂出版株式会社
〒101-0051	東京都千代田区神田神保町1-2-5
電　話	営　業　(03)(5217)0885
	編　集　(03)(5217)0881
	ＦＡＸ　(03)(5217)0886
振替口座	00140-4-10
	https://gihodobooks.jp/

日本書籍出版協会会員
自然科学書協会会員
土木・建築書協会会員

Printed in Japan

Ⓒ A Workshop for Considering Handing Down the Lessons of the Great East Japan Earthquake to the Future, 2015

落丁・乱丁はお取り替えいたします。　　　装幀　田中邦直　印刷・製本　愛甲社

JCOPY　＜(社)出版者著作権管理機構　委託出版物＞

本書の無断複写は著作権法上での例外を除き禁じられています。複写される場合は、そのつど事前に、(社)出版者著作権管理機構（電話 03-3513-6969、FAX 03-3513-6979、e-mail: info@jcopy.or.jp）の許諾を得てください。

◆ 小社刊行図書のご案内 ◆

定価につきましては小社ホームページ (http://gihodobooks.jp/) をご確認ください。

地震と住まい
木造住宅の災害予防

日本建築家協会 災害対策委員会 著
B6・150頁

【内容紹介】木造住宅に住み，生活の質を高めながら，安全性を確保するにはどうすればよいか？ 阪神・淡路大震災以降，木造住宅密集地の地震災害の危険性が叫ばれている．過去の地震災害の状況や対策を基に，その減災・防災を考えながら，構造設計や耐震補強，近隣社会との共助や自治体等との連携，関連法令など，住まいの具体的な補修・改修の要点と災害予防の方法をまとめた．

地盤と建築構造のはなし

吉見吉昭 著
B6・158頁

【内容紹介】家を建てることは一世一代の大仕事だが，不同沈下や崖崩れ等の地盤・基礎がらみのトラブルが起こると，補修に多くの費用と長い時間がかかり大変なことになる．本書では，そのようなトラブルを未然に防いだり，また合理的な補修方法を知るために，地盤と基礎についての基礎知識とポイントを，様々な事例をあげながらわかりやすく解説する．大きな社会問題となった建築構造に関しても，種類と設計法の基本的な考え方について解説する．多くの図や身近な話題を盛り込んだコラムが理解を助けるだろう．

ここが知りたい　建築の？と！

日本建築学会 編
B6・214頁

【内容紹介】建築に関して日頃疑問に思っていることや気になっていることを，専門家に回答してもらおう．こうして，日本建築学会の機関誌「建築雑誌」の誌上で「ここが知りたい　建築の？と！」の連載が始まりました．本書は，この連載記事をとりまとめるとともに，さらに関心の高いと思われるテーマをピックアップし，合計 46 の Q&A を掲載しています．

Civil Engineering
新たな国づくりに求められる若い感性

東北大学土木工学出版委員会 編
A5・180頁

【内容紹介】木工学に関して，主に研究という切り口でとりまとめ，紹介した書．土木工学の中でも先端的に行われている研究の例を中心に解説し，土木工学を学ぶ人にその魅力をアピールする．主に国土デザイン，都市づくり，防災を柱として構成され，今後公共事業に携わっていく中で，地球の自然環境を大切にしつつ，機能的にも美的にもより望ましい都市空間をつくり伝えるための，さまざまな技術者・人材を育成する．フルカラー．

技報堂出版　TEL 営業03 (5217) 0885　編集03 (5217) 0881
FAX 03 (5217) 0886